AF833755

Sylvia Pusch

Aromatherapie für Pferde

ulmer

Inhaltsverzeichnis

Das Atmen eines Pferdes ist wie das Schlagen eines Herzens.
Das Auge eines Pferdes ist wie das Fenster zu deiner Seele.
Es ist nicht nur eine Phase, es ist mein Leben.
Es ist nicht nur ein Hobby, es ist meine Leidenschaft.
Es ist nicht nur ein Pferd, es ist mein bester Freund.

Vorwort

Als unsere Pferde noch in freier Wildbahn lebten, konnten sie Pflanzen und Kräuter in der Weite der Steppe selber suchen. Ihr feiner Geruchssinn führte sie zu der Nahrung, die sie nicht nur sättigte, sondern auch ihrer Gesundheit zugute kam. Doch das liegt lange zurück. Seit ihrer Domestizierung sind Pferde darauf angewiesen, von uns Menschen vital ernährt und gesundheitlich versorgt zu werden.

Heute steht uns ein breites Angebot an Futter und Zusatzstoffen zur Verfügung. Bei Erkrankungen und Dysfunktionen bietet parallel zur veterinärärztlichen Versorgung auch die Naturheilkunde uns Pferdehaltern viele Möglichkeiten der therapeutischen Anwendung. Ganz besonders liegt mir die Aromatherapie am Herzen. Damit haben wir die Chance, unsere Pferde auf körperlicher und psychischer Ebene sanft zu unterstützen und zu begleiten.

Wir wissen von uns selbst: Wenn wir uns wohlfühlen, uns in einer schönen, angenehmen Umgebung aufhalten und auf eine ausgewogene Ernährung achten, dann sind wir zufriedener und leistungsfähiger. Das gilt auch für unsere Pferde.

Die Aromatherapie wird seit Jahrhunderten zur Verbesserung unseres körperlichen und seelischen Befindens angewendet. Düfte und der damit einhergehend eng verbundene Geschmackssinn sind für Mensch und Tier eine wichtige Orientierungshilfe im Leben und fürs Überleben. Sie schärfen unsere Sinne, bewahren vor Gefahren, lassen Erinnerungen wach werden und haben großen Einfluss auf unser Essverhalten und unser Liebesleben. Es ist interessant zu beobachten, wie gut Pferde auf die Aromatherapie ansprechen.

Pferde haben die Fähigkeit, tausende von chemischen Verbindungen zu wittern und zu analysieren. Instinktiv nehmen sie die Botschaft der ätherischen Öle richtig auf. Sie wissen sehr genau, was sie zu ihrem Wohlbefinden brauchen.

Natürlich spielen immer mehrere Faktoren eine Rolle, die das Wohlergehen Ihres Pferdes beeinflussen.
Entscheidend ist das Zusammenspiel zwischen Pferd und Reiter, die passende Stallhaltung, die Ernährung, der Tierarzt und der Hufschmied sowie auch die vielfältigen Möglichkeiten ganzheitlicher Behandlungen.

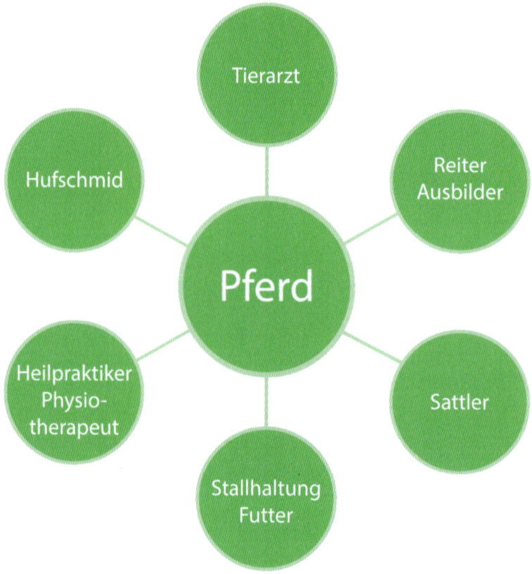

In diesem Buch erfahren Sie, welche Anwendungsmöglichkeiten Sie mit ätherischen Ölen im alltäglichen Umgang mit Ihrem Pferd haben. Entdecken Sie die therapeutischen Wirkungen der Inhaltsstoffe und lernen Sie, die Sprache Ihres Pferdes zu verstehen. Arbeiten Sie mit Ihrem Pferd zusammen. Mit dem nachfolgenden kleinen Basiswissen über die Anwendung ätherischer Öle und dem Instinkt Ihres Pferdes können Sie eine Vielzahl von Beschwerden sanft und wirksam lindern.
Selbstverständlich dürfen die hier beschriebenen Behandlungsanleitungen nicht als alleinige Therapie bei ernsthaften Erkrankungen verstanden werden.

Kurzer Einblick in die Geschichte der Aromatherapie

Aromatherapie begleitet den Menschen schon über Jahrtausende. Bereits in der Antike finden wir Aufzeichnungen zur Verwendung ätherischer Öle. So kannten beispielsweise die Ägypter Rezepturen mit diesen konzentrierten Pflanzenstoffen, und im alten Griechenland galten alle aromatischen Substanzen als göttlich.
In den Klostergärten des Mittelalters wurden Aromapflanzen kultiviert und aus ihnen die kostbaren Essenzen gewonnen.
Auch der berühmte Arzt Paracelsus sowie Hildegard von Bingen beschäftigten sich eingehend mit der Heilkraft von Duftpflanzen.

Dank alter Aufzeichnungen konnte viel von diesem Wissen bis in die heutige Zeit bewahrt werden.
Die Bezeichnung „Aromatherapie" prägte der französische Chemiker René-Maurice Gattefossé. Er entdeckte eher durch Zufall, dass Lavendelöl bei Verbrennungen schnell und ohne Narbenbildung zur Wundheilung führt.
Seine Forschungsergebnisse im Bereich ätherischer Öle halfen im Ersten Weltkrieg z.B. Kleidungsstücke und Verbandsmaterial zu desinfizieren.
1937 schrieb er seine bekannten Bücher „Aromatherapie" und „Essentielle Antiseptika", welche die Fachwelt weiter prägen sollten.
Nach dem Zweiten Weltkrieg begann die chemische und pharmazeutische Industrie, einzelne Wirkstoffe der ätherischen Öle synthetisch herzustellen.
Die Vorteile lagen auf der Hand: günstige Herstellung und weitgehende Unabhängigkeit von pflanzlichen Rohstoffen.
Heute weiß man die Qualität reiner ätherischer Öle wieder sehr zu schätzen. Im Gegensatz zur Molekularstruktur der synthetischen

Duftöle enthalten naturreine ätherische Öle komplexe biochemische Inhaltsstoffe, die auch als sekundäre Pflanzenstoffe bezeichnet werden und die letztendlich für die breite therapeutische Wirkung verantwortlich sind.
Viele dieser Wirkstoffgruppen können im Rahmen moderner Analysemethoden nachgewiesen werden. Es handelt sich um Monoterpen-Alkohole, Monoterpen-Ester, Monoterpene, Aldehyde und Monoterpen-Oxide, um nur einige zu nennen.
Seit Pferde den Menschen begleiten, sind Heilpflanzen und deren Essenzen bei Erkrankungen der treuen Weggefährten im Einsatz. So wurden Huföle schon immer gerne auf der Basis von Lorbeeröl hergestellt und Wunden mit entsprechenden Kräuterauflagen behandelt.

Ätherische Öle – konzentrierte Pflanzenkraft mit therapeutischer Wirkung

Ätherische Öle sind natürliche Duftstoffe, die von bestimmten Pflanzen gebildet werden. Sie dienen ihnen als Schutz vor Fraß, zur Anlockung oder Abwehr von Insekten, zur Abwehr von Pilzen und Bakterien und tragen somit zu ihrer Überlebensfähigkeit bei. Die Aromastoffe entstehen im Zuge des Stoffwechselprozesses - eingelagert als winzige Tröpfchen im Pflanzengewebe. Sie befinden sich in unterschiedlichen Pflanzenteilen wie Wurzeln, Rinden, Hölzern, Stängeln, Blättern, Nadeln, Blüten, Samen sowie auch in der Fruchtschale. Ätherische Öle enthalten kein Fett. Es handelt sich um leicht flüchtige, hochkonzentrierte, sekundäre Pflanzenstoffe, die sich sehr gut in fetthaltigen Substanzen und Alkohol lösen, jedoch nicht in Wasser.

Der Wert der ätherischen Öle liegt unter anderem auch in ihren schonenden Gewinnungsverfahren.
Hochwertige ätherische Öle werden überwiegend über drei Verfahren gewonnen:

Wasserdampf-Destillation:
85 % aller ätherischen Öle gewinnt man durch Wasserdampf-Destillation. Wasser und Pflanzenmaterial werden erhitzt. Dabei lösen sich die ätherischen Öle aus dem Pflanzengewebe und werden im Destillationsverfahren getrennt. Die so gewonnenen Essenzen sind, mit Ausnahme der lang haltbaren Nadelbaum-Öle, bis zu 5 Jahren haltbar und stabil, sofern sie dunkel und kühl gelagert werden.

Kaltpressung:

Eine bei Zitrusfrüchten angewendete Methode ist die Kaltpressung der Fruchtschalen.

Durch dieses mechanische Verfahren bei ca. 18° - 20° C behält das ätherische Öl noch die natürlichen Wachse, die ebenfalls in der Fruchtschale eingelagert sind.

Diese besonders flüchtigen Öle sollten nach Öffnen des Fläschchens zügig verbraucht werden.

Bei kühler Lagerung halten sie ca. 1 Jahr.

Auszugsverfahren / Extraktion:

Einige empfindliche Blütendüfte lassen sich nur über ein spezielles Auszugsverfahren mit Alkohol oder Hexan gewinnen.

Am Ende des Verfahrens sollte das Lösungsmittel restlos wieder entfernt sein.

Die Hersteller setzen zur besseren Handhabung und Haltbarkeit häufig wieder erneut Alkohol zu, was jedoch auf den Etiketten der Fläschchen vermerkt sein sollte.

Die Haltbarkeit dieser Öle liegt bei ca. 3 - 5 Jahren.

Durch äußerliche Anwendungen können Pferde ätherische Öle auf verschiedene Weise aufnehmen:

- **Aufnahme über die Haut:**
  Aufgrund ihrer feinen Molekülstruktur gehören ätherische Öle zu den wenigen Substanzen, die über die Haut in den Blutkreislauf gelangen können.
- **Aufnahme durch Inhalation:**
  Durch den Verdunstungsprozess von warmem Wasser gelangen die ätherischen Öle in die Bronchien, Bronchiolen und Alveolen der Lunge, die bei Pferden sehr ausgeprägt und empfindlich sind.
- **Aufnahme durch Schnuppern:**
  Die aufsteigenden Duftmoleküle eines Öltröpfchens gelangen durch Schnuppern über die Atemwege an die Riechschleimhaut des Pferdes. Von dort werden die Duftinformationen über die Geruchsnerven zum Gehirn weitergeleitet.

Pferde besitzen einen sehr ausgeprägten Geruchssinn, den sie für die Auswahl von Futter und Heilkräutern benötigen. Stuten und Fohlen erkennen bekanntlich einander am Geruch und auch das Sexualverhalten wird maßgeblich vom Geruchssinn beeinflusst.
Ätherische Öle bieten die Möglichkeit, unsere Pferde bei Beschwerden ganzheitlich und naturheilkundlich zu begleiten.
Rein körperlich wirken diese Öle u.a. viruzid, antimykotisch, spasmolytisch, antibakteriell, entzündungshemmend, harntreibend usw. Auch auf psychischer Ebene können ätherische Öle zu einer Verbesserung des Gesamtzustandes führen. Ihre Hauptwirkungsaspekte sind anregender, ausgleichender und beruhigender Natur.

In der lebendigen Natur geschieht nichts,
was nicht in der Verbindung mit dem Ganzen steht.
(Johann Wolfgang von Goethe)

Anwendungshinweise

Wendet man die Aromatherapie besonnen und kompetent an, hält sich an die Dosierungsanleitungen und achtet auf die Reaktionen des Pferdes, dann sind ätherische Öle gut verträglich und unterstützen die körpereigenen Selbstheilungskräfte.
Außer wenigen Ausnahmen werden die Öle nicht pur auf die Haut gegeben. Sollte dies versehentlich geschehen, bitte nicht mit Wasser, sondern mit Milch oder einem fetten Öl abwischen, da wie schon erwähnt ätherische Öle nicht wasserlöslich sind.

Ätherische Öle nie in die Augen oder direkt auf die Schleimhäute auftragen. Dies kann zu schweren Reizungen führen.

Pferde reagieren allgemein gut auf die stimmungsaufhellenden oder beruhigenden Wirkungen der ätherischen Öle.
Haben Sie das passende Öl gemeinsam mit Ihrem Pferd ausgewählt (siehe Seite 72), wenden Sie dieses für die nächsten 2 Tage an und beobachten Sie Ihr Pferd gut. Kommt es wider Erwarten zu einer zunehmend spürbaren Ablehnung seitens des Pferdes, brechen Sie die Behandlung ab oder probieren Sie ein anderes ätherisches Öl.

Bei trächtigen Stuten und Fohlen ist Vorsicht geboten!
Muskel-, Blasen- und Verdauungsbeschwerden sollten hier nur in Absprache mit dem Tierarzt aromatherapeutisch begleitet werden. Sie können jedoch Wunden mit unverdünntem Lavendel fein oder Schafgarbe behandeln. Auch Mauke, Sommerekzeme, Strahlfäule und Hufe sind mit den in diesem Buch aufgeführten Öle-Mischungen bei trächtigen Stuten und Fohlen therapierbar.

Tipps zum Einkauf ätherischer Öle

Da heutzutage viele Duftstoffe synthetisch hergestellt werden, ist es sehr wichtig, auf die Qualität der Aromaöle zu achten.
Lassen Sie sich von der Bezeichnung „naturidentisch“ nicht verwirren. Kaufen Sie nur 100 % naturreine ätherische Öle. Sie sind genuin, naturbelassen und ohne Zusatz synthetischer Stoffe.
Auch wenn diese zunächst höher im Preis liegen, erhalten Sie hier die gewünschte Qualität, die Sie zur Behandlung Ihres Pferdes benötigen.
Ätherische Öle, die therapeutisch angewendet werden, sollten zusätzlich Bio-Qualität aufweisen (Bezugsquellen siehe Anhang).

Entscheiden Sie sich für qualitativ hochwertige ätherische Öle!

Folgende Angaben finden Sie auf dem Etikett oder Beipackzettel hochwertiger Öle:

- 100 % naturreine ätherische Öle
- botanischer Name der Pflanze
- zur Destillation verwendetes Pflanzenteil
- Gewinnungsverfahren
- Angaben zur Verdünnung
- Herkunftsland
- Art des Anbaues (z. B. kontrolliert biologischer Anbau = kbA)
- Chargennummer

Im Handel werden hauptsächlich Fläschchen mit 5 ml ätherischem Öl angeboten.
Als Faustregel gilt: 1 ml ergibt 20 - 25 Tropfen.

Lagern Sie die Öle kühl und dunkel!

Der Geruchssinn des Pferdes

Pferde haben einen außergewöhnlich guten Geruchssinn. Er ist für sie überlebenswichtig. Pferde sind in der Lage, Gefahren, z.B. Raubtiere, Feuer usw. aus weiter Distanz zu wittern und Wasserstellen, die noch kilometerweit entfernt liegen, zu orten. Wie eingangs schon erwähnt spürten sie früher in freier Wildbahn über ihren Geruchssinn instinktsicher ihr Futter und die von ihnen benötigten Kräuter auf.

Hengste erkennen paarungsbereite Stuten über weite Entfernungen am Geruch, Stuten und ihre Fohlen sind über ihren Geruchssinn sofort eng miteinander verbunden.

Ihre ausgezeichnete Fähigkeit zu riechen ist anatomisch bedingt. Pferde haben sehr große Nasenhöhlen, die aus mehreren, in sich gewundenen Gängen bestehen. Hier befindet sich die Riechschleimhaut, die Duftstoffe aus der Luft filtert und über die verzweigten Geruchsnerven Botschaften an das Gehirn sendet.

Pferde besitzen die besondere Eigenschaft, bei sehr intensivem Duft zu flehmen.

Dabei nehmen sie einen tiefen Atemzug, strecken den Kopf hoch in die Luft und stülpen die Oberlippe nach außen, um die Nüstern zu verschließen. Dadurch wird der Duft im Nasen- und Rachenraum festgehalten, auf den sie sich dann ausgiebig konzentrieren können. Beim Flehmen wird das Jacobsonsche Organ eingesetzt, das sich im hinteren Gaumen befindet, mit dem das Pferd Geruchsstoffe sowohl riechen als auch schmecken kann.

Wann immer Pferde aufeinander treffen, beschnüffeln sie sich gegenseitig sehr ausgiebig. Sie stecken ihre Nüstern zusammen und blasen ihren Atem wechselseitig in die Nüstern. Das ist ihre persönliche Visitenkarte. Danach entscheiden sie sich, ob sie einander mögen oder nicht. Auch die Rangfolge wird hierdurch bestimmt.

Ob Hengst, Wallach oder Stute: Hier wird klargestellt, wer der Chef ist.
Das Pferd erkennt auch uns – den Menschen – direkt am Geruch, unter anderem auch unsere Gemütslage: Vielleicht haben wir heute Angst vor dem Springtraining?
Wir können noch so selbstsicher auftreten, unser Pferd spürt nicht nur unsere Angst, es kann diese auch riechen.

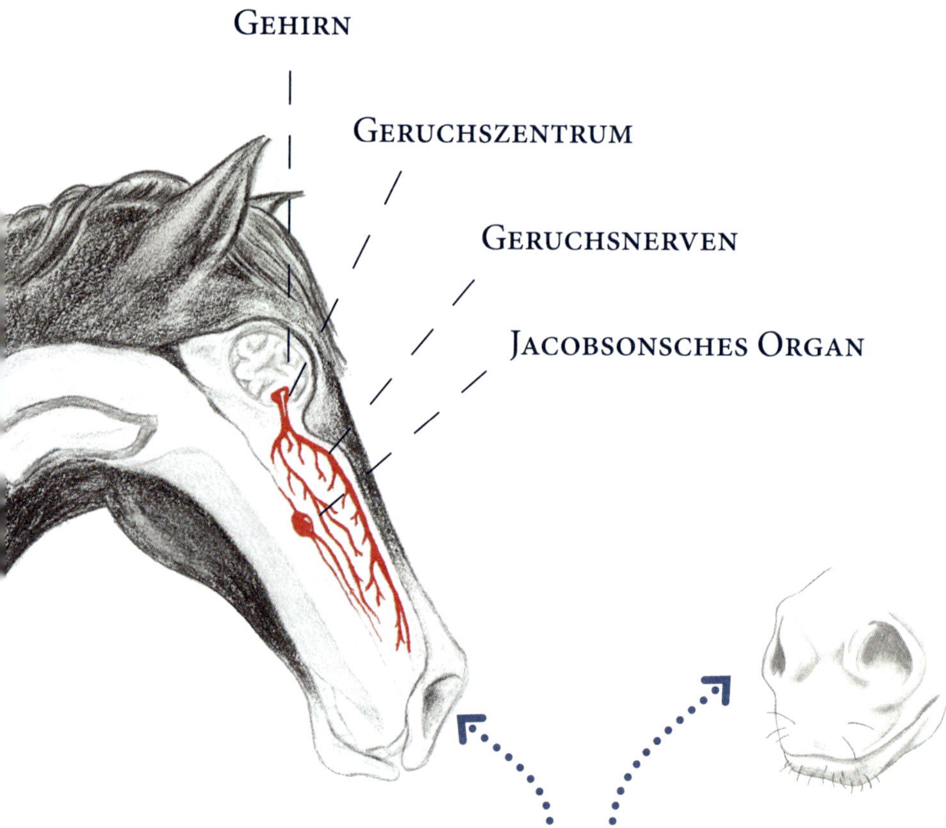

Die wichtigsten ätherischen Öle für Pferde im Überblick

Auf den folgenden Seiten finden Sie eine Auswahl an ätherischen Ölen, die sich erfahrungsgemäß besonders gut für Pferde eignen. Dies ist natürlich nur ein kleiner Teil aus dem großen Angebot an lieferbaren ätherischen Ölen.
Jedem Öl sind bestimmte Wirkungen auf körperlicher und psychischer Ebene zugeordnet.
Durch die große Fülle an biochemischen Inhalts- und Wirkstoffen erklärt es sich, dass ein einzelnes Öl für verschiedene Symptome eingesetzt werden kann.
Die Natur und mit ihr die ätherischen Öle schenkt uns Vielfalt und Reichtum.

Schnell werden Sie spüren, wie viel Freude es bereitet, mit den natürlichen Ölen zu arbeiten und deren Wirksamkeit zu erkennen.
Wenn Sie für eine Öl-Mischung oder eine Heilsalbe etwas größere Mengen für einen längeren Behandlungszeitraum zubereiten, ist es ratsam, die Flasche oder den Tiegel zu beschriften und das Herstellungsdatum auf dem Etikett zu vermerkten.
Die Mischungen halten je nach Basisprodukt (Basisöle, Aloe Vera-Gel, Zinksalbe usw.) ca. 6 - 8 Wochen.
Bitte kühl und dunkel lagern.

Bitte beachten!

- Öle vor Kindern geschützt lagern
- Öle nicht in die Augen bringen
- Kontakt mit den Schleimhäuten vermeiden

Viel Freude und Erfolg wünsche ich Ihnen und Ihrem Pferd auf der Entdeckungsreise in die Welt der vielseitig einsetzbaren Pflanzendüfte.

Cajeput

(Melaleuca leucadendra var. Cajeputi)

eukalyptusartig, frisch und reinigend
Wirkung körperlich: pilztötend, virenhemmend, desinfizierend, antibakteriell und stark schleimlösend; bei grippalen Infekten, Muskelkater und rheumatischen Beschwerden.
Wirkung seelisch: erfrischend, belebend und konzentrationsfördernd.

Cajeput, in etwas Aloe Vera-Gel gemischt, wird gerne als milder Erkältungsbalsam eingesetzt.

Cistrose

(Cistus ladanifer)

schwer, warm und würzig
Wirkung körperlich: antibakteriell, pilztötend, hautregenerierend, blutstillend.
Wirkung seelisch: nervenstärkend und ausgleichend.

Aufgrund der sehr hautregenerierenden Wirkung wird Cistrose gerne Wundheilsalben zugesetzt.

Citronella

(Cymbopogon nardus)

frisch, zitronig und aktivierend
Wirkung körperlich: entzündungshemmend, antibakteriell, desinfizierend; bei Lymphstau, Gelenkschmerzen und gegen Insekten.
Wirkung seelisch: anregend und aktivierend; bei Müdigkeit und Mutlosigkeit.

Citronella ist ein „must have" in jedem Anti-Insektenspray.

Eukalyptus

(Eucalyptus radiata)

frisch, krautig, klärend und reinigend
Wirkung körperlich: stark antibakteriell, virenhemmend, pilztötend, schleimlösend, fiebersenkend und entzündungshemmend; bei Erkältung und grippalen Infekten.
Wirkung seelisch: aktivierend, erfrischend, vitalisierend und konzentrationsfördernd; bei Erschöpfung und Müdigkeit.

Meine Erfahrung: Pferde mögen Eukalyptus. In Mischungen ist er vielseitig einsetzbar.

Fenchel

(Foeniculum vulgare)

herb, süß, anisartig
Wirkung körperlich: antibakteriell, leicht schleimlösend, krampflösend, verdauungsfördernd; bei Verdauungsstörungen, Verstopfungen und Atemwegserkrankungen.
Wirkung seelisch: sehr entspannend und nervenstärkend.

Immortelle

(Helichrysum italicum)

krautig, herb-süß und wärmend
Wirkung körperlich: blutstillend, desinfizierend, entzündungshemmend, entstauend, durchblutungsfördernd, lymphflussanregend; bei Blutergüssen, stumpfen und offenen Verletzungen, Verbrennungen, Gelenkentzündungen.
Wirkung seelisch: ausgleichend, beruhigend, psychisch stärkend; bei Trauma, Schock und Unruhe.

Immortelle hilft hervorragend bei kleinen, stumpfen Verletzungen. Als „Erste Hilfe“ ist hier das Immortellenwasser zu empfehlen.

Ingwer

(Zingiber officinale)

feurig, scharf, würzig
Wirkung körperlich: desinfizierend, durchblutungsfördernd, verdauungsfördernd, erwärmend.
Wirkung seelisch: stabilisierend und allgemein stärkend.

Hilft bei Muskelverspannungen und Sehnenproblemen. Tiefwirkend und wärmend.

Kamille blau

(Chamomilla recutita)

krautig, einhüllend und entspannend
Wirkung körperlich: antibakteriell, entzündungshemmend, schmerzlindernd, hautregenerierend und juckreizstillend; bei Verletzungen, Verbrennungen, zur Wundheilung, Narbenpflege, bei Geschwüren und Allergien.
Wirkung seelisch: entspannend, beruhigend, ausgleichend; bei Stress, Erschöpfung, Nervosität und Ängsten.

Kamille blau enthält das entzündungshemmende Azulen und kann sehr gut in Wundheilsalben eingearbeitet werden. Alternativ kann die Kamille römisch (*Chamaemelum nobile*) eingesetzt werden.

Karottensamen

(Daucus carota)

warm und erdig

Wirkung körperlich: entzündungshemmend, stoffwechselfördernd, wundheilend und blähungswidrig; bei Verbrennungen, Schuppenflechte, Ekzemen und Abzessen.

Wirkung seelisch: entzündungshemmend, stoffwechselfördernd, wundheilend und blähungswidrig; bei Verbrennungen, Schuppenflchte, Ekzemen und Abzessen.

Karottensamen ist sehr hilfreich bei Sonnenbrand und Ekzemen.

Latschenkiefer

(Pinus mugo)

frisch, harzig, waldig

Wirkung körperlich: entzündungshemmend, schmerzstillend, raumluftreinigend; bei Gelenkbeschwerden, Arthrose, Muskelschmerzen, Erkältung und Sportverletzungen.

Wirkung seelisch: aktivierend, vitalisierend, regenerierend; bei Erschöpfung und Unruhe.

Latschenkiefer hilft u.a. bei geschwollenen Beinen und eignet sich in Verdünnung zur Reinigung der Raumluft im Stall.

Lavendel fein

(Lavandula angustifolia)

krautig, mild-kampferartig und frisch
Wirkung körperlich: entzündungshemmend, antibakteriell, virenhemmend, pilztötend, wundheilend, juckreizstillend; bei Nervenentzündungen, Gelenkentzündungen, Verbrennungen, Sonnenbrand, zur Narbenpflege, bei Ekzemen und Geschwüren.
Wirkung seelisch: ausgleichend, entspannend, stimmungsaufhellend, schlaffördernd.

Lavendel fein, der Alleskönner! Wird von Pferden gerne angenommen und kann immer auch unverdünnt angewendet werden.

Lorbeer

(Laurus nobilis)

kraftvoll, würzig, frisch und anregend
Wirkung körperlich: antibakteriell, virenhemmend, entzündungshemmend, krampflösend, lymphflussanregend und hautregenerierend; bei Muskelverspannungen, Gelenkentzündungen und rheumatischen Beschwerden.
Wirkung seelisch: psychisch stärkend, ausgleichend und entspannend; bei Angst und Nervosität.

Lorbeeröl fördert das Hufwachstum.

Weihrauch afrikanisch

(Boswellia carterii)

warm, erdig und baldrianartig
Wirkung körperlich: antibakteriell, stark entzündungswidrig, immunsystemstärkend, durchblutungsfördernd und hautregenerierend; bei Verletzungen, Narben, Gelenkschmerzen und Entzündungen.
Wirkung seelisch: psychisch stärkend, stimmungsaufhellend; bei innerer Unruhe.

Weihrauch afrikanisch ist ein hervorragendes Öl in Mischungen zur Behandlung von Narben oder Wunden.

Neroli

(Citrus aurantium ssp.aurantium)

blumig, zart, süßlich-bitter
Wirkung körperlich: antibakteriell, blutdrucksenkend, wundheilend und hautregenerierend; bei Wunden und Narben, ausgleichend bei Herz-Kreislaufbeschwerden.
Wirkung seelisch: beruhigend, Geborgenheit schenkend; bei Antriebsschwäche und psychischen Belastungen.

Neroli ist ein ausgezeichnetes Öl bei Schock, Trauma und Angstzuständen.

Patchouli

(Pogostemon cablin)

erdig, exotisch und balsamisch
Wirkung körperlich: wundheilend, hautregenerierend, entzündungshemmend, juckreizstillend, pilztötend, entstauend; bei Venenproblemen, Ekzemen, Entzündungen, Narben, allgemein zur Insektenabwehr, Milben, Krätzmilben, Läusen und Motten.
Wirkung seelisch: stark entspannend, ausgleichend; bei Unruhe, Ängsten und Phobien.

Sehr gut einzusetzen zur Insektenabwehr und bei Parasitenbefall.

Pfefferminze

(Mentha piperita)

frisch, kühl und klar
Wirkung körperlich: antibakteriell, virenhemmend, schmerzstillend, kühlend, durchblutungsfördernd, entzündungshemmend und entgiftend; bei Wetterfühligkeit, Muskel- und Gelenkschmerzen, Erkältungskrankheiten, zur Insektenabwehr und bei Parasiten.
Wirkung seelisch: anregend, erfrischend, konzentrationsfördernd und belebend; bei Antriebslosigkeit, Erschöpfung und Schwäche.

Der „Cooling Tipp" für heiße Tage und bei Kreislaufschwäche des Pferdes.

Rose

(Rosa damascena)

rosig, schwer und süß

Wirkung körperlich: antibakteriell, virenhemmend, entkrampfend, entzündungshemmend, wundheilend, blutstillend, hautregenerierend, herzstärkend und hormonregulierend; zur Geburtsvorbereitung und Geburt, bei Herzproblemen, Wunden, Verletzungen, Entzündungen und Narben.

Wirkung seelisch: entspannend, ausgleichend; bei Ängsten und Trauer.

Rosengeranie

(Pelargonium graveolens)

warm, rosig, blumig

Wirkung körperlich: virenhemmend, antibakteriell, entzündungshemmend, wundheilend, äußerst hautpflegend und regenerierend, hormonausgleichend, adstringierend; bei Wunden, Narben, Abszessen, Herpeserkrankungen, Lymphstau, zur Insektenabwehr.

Wirkung seelisch: ausgleichend, stimmungsaufhellend und harmonisierend.

Rosmarin

(Rosmarinus officinalis)

frisch, klar, kampferartig
Wirkung körperlich: antibakteriell, virenhemmend, durchblutungsfördernd, kreislaufanregend, stoffwechselanregend; bei Herz-Kreislaufschwäche, Muskelschmerzen, Muskelkater, Gelenkentzündungen und bei rheumatischen Beschwerden.
Wirkung seelisch: aktivierend, willensstärkend, vitalisierend.

Rosmarin gehört in jede kühlende, abschwellende Mischung z. B. bei geschwollenen Gelenken und Beinen.

Salbei

(Salvia officinalis)

würzig, klar und krautig
Wirkung körperlich: stark antibakteriell, virenhemmend, gallenflussanregend, leberstärkend, wundheilend, hautgenerierend, bei Erkältungskrankheiten, Kehlkopfentzündung und Herpeserkrankungen.
Wirkung seelisch: stark anregend, aufbauend; bei Müdigkeit und Erschöpfung.

Zum Inhalieren im Futtersack zu empfehlen. Alternativ kann auch Zitronenbasilikum genommen werden.

Sandelholz

(Santalum album)

warm, holzig, balsamisch

Wirkung körperlich: desinfizierend, krampflösend, lymphflussanregend, wundheilend und hormonell ausgleichend; stärkt Nieren und Blase, gut einzusetzen bei vermehrtem Harnen.

Wirkung seelisch: entspannend, aufbauend, erleichtert das Loslassen; bei Unruhe und Stress, z. B. durch Transport, auf Turnieren, bei Stallwechsel oder intensivem Training.

Schafgarbe

(Achillea millefolium)

warm, krautig, bitter-aromatisch

Wirkung körperlich: entzündungshemmend, stark hautregenerierend und hautpflegend, wundheilend, schmerzstillend und entkrampfend; bei Wunden, Narben, Rheuma und arthrotischen Beschwerden.

Wirkung seelisch: stärkend, erleichtert das Loszulassen; bei Unruhe, Stress und Ängsten.

Schafgarbe ist sehr vielseitig einsetzbar und sollte in keiner Stallapotheke fehlen.

Teebaum

(Melaleuca alternifolia)

würzig, krautig, streng

Wirkung körperlich. stark antibakteriell, stark desinfizierend, viren- und infektionshemmend, entzündungshemmend, wundheilend, juckreizstillend; bei Wunden, Verletzungen, Pilzen, Warzen, Ekzemen, zur Insektenabwehr, bei Parasiten.

Wirkung seelisch: stabilisierend, psychisch stärkend; bei Stress und Unruhe.

Strahlfäule, Insektenstiche und Mauke können mit Teebaumöl bestens behandelt werden.

Thymian

(Thymus vulgaris c.t. linalool)

frisch, mild, krautig

Wirkung körperlich: stark antibakteriell, virenhemmend, pilztötend, schleimlösend, fiebersenkend, durchblutungsfördernd, herz-kreislaufanregend; bei grippalen Infekten, Erkältungen, Gliederschmerzen, Muskelverspannungen, Gelenkschmerzen und Entzündungen, Arthrose, rheumatischen Beschwerden und gegen Parasiten.

Wirkung seelisch: stark anregend und aktivierend; bei Mutlosigkeit und Angstzuständen.

Thymian hilft bei Husten und Bronchialkrankheiten, ist schleimlösend und zeigt gute Wirkung in einer Erkältungsmischung.

Zeder

(Cedrus atlantica)

holzig, warm, balsamisch
Wirkung körperlich: wundheilend, hautregenerierend, desinfizierend und entzündungshemmend; bei Verletzungen, zur Haut- und Haarpflege, zur Insektenabwehr und bei Parasiten.
Wirkung seelisch: stärkend, Körper und Geist harmonisierend; bei Stress, Angst und Trauer.

Zitrone

(Citrus limon)

frisch, spritzig, klar und erfrischend
Wirkung körperlich: antibakteriell, virenhemmend, entzündungshemmend, entgiftend, stark basisch und lymphflussanregend, bei Durchblutungsstörungen, zur Bildung weißer Blutkörperchen, bei grippalen Infekten, Bronchialkrankheiten und Arthritis.
Wirkung seelisch: energiespendend, aktivierend und erfrischend, bei Erschöpfung und Schwäche.

Eignet sich gut zur Raumluftdesinfizierung.

Trägeröle und Mischungsgrundlagen

Ätherische Öle dürfen nur verdünnt auf der Haut angewendet werden! Eine Ausnahme bilden LAVENDEL FEIN, SCHAFGARBE und TEEBAUM. Nachfolgend finden Sie einige bei Pferden erprobte und pflegende Trägeröle und Mischungsgrundlagen. Alle aufgeführten ätherischen Öle können mit diesen wertvollen Basis- und Pflegeölen sowie den Salbengrundlagen gemischt werden.

GEEIGNETE TRÄGERÖLE FÜR PFERDE

Trägeröle sind fette Öle und hinterlassen daher einen feinen Fettfilm im Fell des Pferdes.
Sie eignen sich punktuell aufgetragen jedoch gut als Basis für Mischungen, z.B. für Massagen, und entfalten trotz des Fells ihre Wirksamkeit. Nachfolgend eine kleine Auswahl:

Aprikosenkernöl
Erhöht die Elastizität empfindlicher, trockener Haut. Es ist ein leichtes, feines Öl mit revitalisierenden Eigenschaften.

Jojobaöl
Entzündungshemmend, spendet gereizter Haut intensive Feuchtigkeit und nährt.

Alle fetten Öle dürfen nicht auf entzündete und offene Stellen aufgetragen werden (z.B. bei Mauke).

Nachtkerzenöl (Oenothera biennis)
Juckreizstillendes, feuchtigkeitsbindendes antiallergisches Öl, das besonders bei strapazierter Haut verwendet werden kann.

Johanniskrautöl (Mazerat)
Johanniskrautöl wird auch „Rotöl" genannt. Wärmend, beruhigt entzündete, rissige und trockene Haut; wundheilend, stark muskelentspannend. Nach Auftragen Sonnenlicht meiden

Mischungsgrundlagen

Grüne Tonerde

Grüne Tonerde ist eine sonnengetrocknete Mineralerde mit einer mehrschichtigen Mineralstruktur und einer großen physikalischen Oberfläche. Anwendung findet sie äußerlich für wärmende sowie auch für kühlende Mischungen.

Äußerlich wärmend:
Bei chronischen Entzündungen (Gelenke und Muskeln). Sie wirkt durchblutungsfördernd und muskelentspannend.

Äußerlich kühlend:
Bei akuten Entzündungen und geschwollenen Beinen. Sie wirkt regenerierend, gefäßzusammenziehend, kühlend; bei Gelenk- und Sehnenproblemen, Arthrose und Muskelschmerzen.

Zinksalbe

Zinksalbe eignet sich hervorragend zur Wundbehandlung. Aufgrund des enthaltenen Zinkoxids hat sie eine schwach antiseptische, adstringierende und wundheilungsfördernde Wirkung.
Apotheken bieten Zinksalbe an, die zu 10 Teilen aus Zinkoxid und zu 90 Teilen aus Wollwachsalkoholsalbe besteht. Sie unterstützt die Heilung geschädigter Hautpartien, wirkt antibakteriell und desinfizierend. Zinksalbe ist ein guter Träger für ätherische Öle.

Aloe Vera-Gel

Aloe Vera ist eine Heilpflanze mit jahrtausendealter Tradition. Sie sollte in keiner Stallapotheke fehlen.

Wissenschaftler konnten in der Aloe Vera-Pflanze bisher mehr als 200 Inhaltsstoffe mit außergewöhnlichen Wirkstoffkombinationen nachweisen. Aloe Vera-Gel wird aus dem fleischigen Inneren der Blätter hergestellt.

Achten Sie bitte auch hier auf gute Qualität, Herstellungsverfahren und die prozentuale Konzentration.

Preislich günstigere Produkte enthalten oft nur kleinste Mengen des tatsächlichen Aloe Vera-Pflanzenextrakts und zeigen daher auch wenig Wirkung.

Sie erhalten Aloe Vera-Gel in der Apotheke und im Drogeriemarkt.

Generell wirkt Aloe Vera hautpflegend und regenerierend.

Das Gel bietet eine sehr gut Grundlage für ätherische Öle, die so über das Fell in die Haut des Pferdes eindringen können.

Pflanzenwässer

Pflanzenwässer, auch Hydrolate genannt, entstehen bei der Gewinnung ätherischer Öle durch Wasserdampf-Destillation.
Sie sind hervorragende Wirkstoffträger mit einer niedrigeren Konzentration an ätherischen Ölen.
An dieser Stelle möchte ich insbesondere das Immortellenwasser hervorheben. Auch bei Pferden nutzt man es als „Erste Hilfe Spray“, da es bei stumpfen Verletzungen und geschwollenen Gelenken stark abschwellend wirkt.

- Immortellenwasser wirkt abschwellend
- Lavendelwasser wirkt beruhigend und desinfizierend
- Pfefferminzwasser wirkt schnell kühlend
- Rosenwasser wirkt hormonell ausgleichend

Pflanzenwässer können direkt auf die betroffenen Stellen aufgesprüht werden. Ferner lassen sich mit ihnen blitzschnell Kompressen herstellen.
Pflanzenwässer eignen sich auch zum Mischen mit ätherischen Ölen.

Rezepturen bei körperlichen Beschwerden

Gesund und lebensfroh – so wünschen wir uns unsere Pferde.
In diesem Kapitel geht es um gesundheitliche Einschränkungen Ihres Pferdes, die Sie sanft begleiten können. Es ist einfach ein gutes Gefühl, bei kleinen Beschwerden dem Pferd sofort eigenhändig helfen zu können. Bei schwerwiegenden Problemen muss selbstverständlich der Tierarzt zu Rate gezogen werden.
Sie kennen Ihr Pferd am besten, wissen um die Stallgegebenheiten, Fütterungen und allgemeinen Probleme oder auch Vorlieben.

Seit über zehn Jahren arbeite ich mit ätherischen Ölen. Sie sind für mich und meine Pferde unverzichtbar geworden.
Für jedes Problem gibt es mehrere Therapiemöglichkeiten, je nach Einstellung zur Medizin. Mit den aromatherapeutischen Anwendungs-Tipps und Vorschlägen können Sie helfen, lindern und bestenfalls auch heilen.
Natürlich ist die Aromatherapie auch jederzeit ergänzend zur klassischen Behandlung einsetzbar.
Und denken Sie immer daran: Außer den akuten, sichtbaren Verletzungen und Gesundheitsstörungen gibt es auch bei Pferden viele Probleme, die sich auf der seelischen Ebene abspielen und sich in Verhaltensstörungen wie Koppen, Holznagen, Weben, Fressunlust, undefinierbaren Ängsten usw. zeigen. Auch hier leisten ätherische Öle ausgezeichnete Dienste.
Es gibt verschiedene Möglichkeiten, ätherische Öle dem Pferd näher zu bringen. Ob durch Inhalation oder mittels Schnuppern, über Einreibungen, Wickel oder Sprühen – Sie werden den richtigen Weg finden, Ihrem Pferd etwas Gutes zu tun.

Geschwollene Beine

Geschwollene Beine können mehrere Ursachen haben. Vor allem Pferde, die nur leicht trainiert werden, dazu eine getreidereiche Futterration erhalten und zusätzlich wenig Auslauf haben, können darunter leiden.
Allerdings reagieren Pferde auch häufig mit geschwollenen Beinen auf warmes, schwüles Wetter, oder auch auf junges, frisches Gras.
Meist ist diese Schwellung an den Hinterbeinen zu erkennen. Wenn man mit dem Finger auf die geschwollenen Partien drückt, bleibt eine Eindellung zurück.
Bewegung des Pferdes und Kühlen der Beine sind hier ganz wichtige Behandlungsmethoden. Überprüfen Sie bitte auch die Futtermenge und deren Zusammensetzung. Geben Sie lieber mehr Raufutter und füttern erst wieder Kraftfutter bei erhöhtem Training und trockenen, abgeschwollenen Beinen hinzu.

Rezeptur

- **250 g Aloe Vera-Gel**
- 20 Tropfen Rosmarin
- 20 Tropfen Pfefferminze
- 15 Tropfen Latschenkiefer
- 15 Tropfen Eukalyptus
- 10 Tropfen Lavendel fein

Diese Mischung ist bei geschwollenen Beinen, Wärme, Lymphstau und nach intensivem Training schnell hergestellt und aufgetragen. Das kühlende und feuchtigkeitsspendende Aloe Vera-Gel wird Ihrem Pferd zusätzlich gut tun.

Schnelle Hilfe bei geschwollenen Beinen

Wenn es sich „nur" um wetterbedingte oder durch Bewegungsmangel entstandene Stauungen handelt, hilft der kühlende Wasserschlauch am schnellsten. Intensives Abspritzen mit kaltem Wasser ist hier die erste Maßnahme. Bewegen Sie Ihr Pferd, der Kreislauf und die Lymphbahnen müssen wieder in Gang kommen.
Kühlendes Pfefferminzwasser bietet hier zusätzlich schnelle Hilfe.
Nach diesen Erstmaßnahmen tragen Sie die kühlende Aloe Vera-Gel Mischung auf.
Sie werden staunen, wie schnell Ihr Pferd sich wieder wohl fühlt und munter wird.

Blasenentzündung

Eine Blasenentzündung kann auch bei Pferden auftreten und entwickelt sich häufig sehr schmerzhaft. Sie wird meistens durch Bakterien verursacht.
Die Entzündung tritt sowohl bei männlichen als auch bei weiblichen Tieren auf, wird in der Regel aber häufiger bei weiblichen Tieren festgestellt. Meist kommen die Krankheitskeime von außen und wandern über Geschlechtsorganen und Harnröhre in die Blase.
Normalerweise ist der Urin steril, das heißt, es befinden sich keine Bakterien im Harn. Krankheitskeime, die eventuell doch in die Blase gelangt sind, werden in der Regel beim nächsten Wasserlassen wieder herausgespült.
Bei einer Blasenentzündung ist dies jedoch nicht der Fall. Die betroffenen Pferde zeigen ein abnormales Verhalten beim Urinieren, das sich folgendermaßen äußert:
Sie lassen häufig Wasser, oder sie pressen, ohne dass viel Urin kommt. Sollte der Urin sehr dunkel bis blutig aussehen, sollte sofort der Tierarzt hinzugezogen werden.

Ist der Urin dunkel oder blutig, unbedingt den Tierarzt hinzuziehen.

Bei leisen Anzeichen einer Blasenentzündung und zur begleitenden Behandlung können Sie nachfolgende Mischung mit kreisenden Bewegungen am Unterbauch einreiben.

Mischung zum Einreiben

Rezeptur

- **50 ml Mandelöl oder Aloe Vera-Gel**
- 5 Tropfen Lavendel fein
- 3 Tropfen Sandelholz
- 3 Tropfen Teebaum
- 2 Tropfen Schafgarbe
- 5 Tropfen Fenchel

Die Mischung zwischen den Hinterbeinen und auf den Bauch des Pferdes auftragen.
Die Geschlechtsteile bitte nicht einreiben!

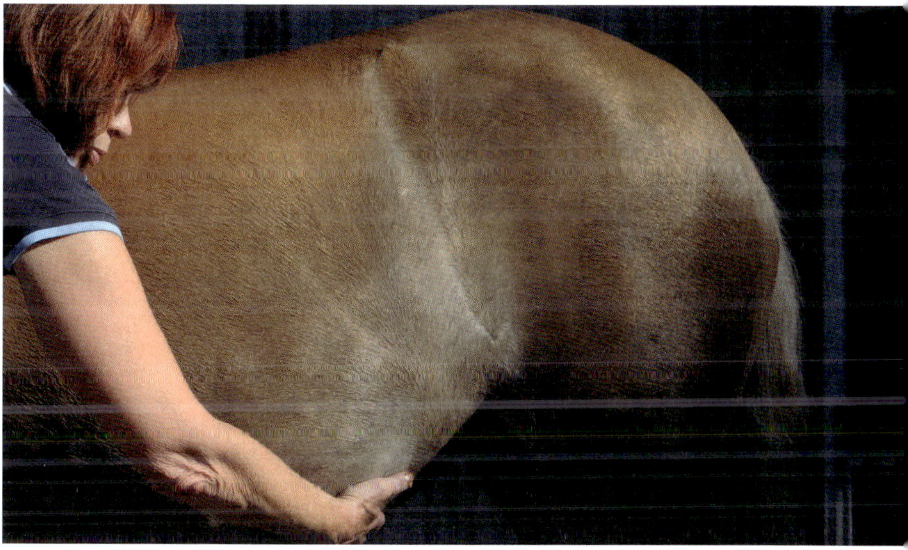

Husten, Bronchitis, Nasenausfluss

Vorbeugend oder zur Unterstützung des Heilprozesses werden ätherische Öle erfolgreich bei Husten, Bronchitis, Nasenausfluss und auch Pneumonie eingesetzt.

Akute Infektionen sollten tierärztlich behandelt werden.

Inhalation mit einem Futtersack

Rezeptur

- 3 Tropfen Thymian
- 5 Tropfen Salbei
- 5 Tropfen Eukalyptus
- 3 Tropfen Lavendel fein

Füllen Sie einen Futtersack mit Heu, übergießen Sie dieses mit warmem Wasser und träufeln Sie die Ölmischung darüber. Geben Sie noch etwas feuchtwarmes Heu hinein. Nun hängen Sie dem Pferd mit genügend Abstand zu den Nüstern den Futtersack um.
Achten Sie auf die Temperatur des Wassers, damit sich Ihr Pferd nicht verbrüht.
Lassen Sie das Pferd während der Inhalation mit dem umgebundenen Futtersack nicht unbeaufsichtigt.

Selbstverständlich kann man auch elektrische Inhalationsgeräte benutzen. Bitte lesen Sie aber hier genau die Gebrauchsanweisung. Nicht bei allen Geräten darf man ätherische Öle zusetzen.

Es muss immer abgeklärt werden, warum das Pferd hustet.
Ist es nur ein Abhusten, weil sich im Rachen etwas festgesetzt hat, oder hören Sie Ihr Pferd öfter husten? Achten Sie auf genügend Frischluft im Stall und prüfen Sie die Beschaffenheit des Raufutters. Wenn am Stroh oder Heu Schimmel zu erkennen ist, kann sich dies schon allein durch die Verteilung der Schimmelsporen in der Stallluft negativ auf die Bronchien des Pferdes auswirken. Auch staubiges Stroh oder Heu kann Husten verursachen.
Zunehmend reagieren immer mehr Pferde allergisch auf Heustaub. Für diese ist eine Offenstallhaltung oder die Fütterung mit eingeweichtem Heu das Beste.
Bewegen Sie das Pferd, dadurch kommen die Atemmuskeln in Aktion und aktivieren zum Abhusten. Wenn das Pferd bei niedrigen Temperaturen nass geschwitzt ist, stellen Sie es nicht ohne Abschwitzdecke in den Stall, auch das kann zu Husten führen.
Wenn Sie eine Infektion vermuten, müssen Sie natürlich den Tierarzt hinzuziehen.

Erkältungsbalsam

Bei Winteranfang oder wenn andere Pferde im Stall schon Atemwegsprobleme haben, kann diese Rezeptur wunderbar vorbeugend wirken. Ich persönlich gebe in der Zeit des Jahres- und Fellwechsels gerne auch einen Teelöffel Schwarzkümmelöl unter das Futter. Es stärkt das Immunsystem und lindert leichten Reizhusten.

Rezeptur zum Einreiben

- **50 g Aloe Vera-Gel**
- 3 Tropfen Thymian
- 3 Tropfen Salbei oder Zitronenbasilikum
- 10 Tropfen Cajeput
- 3 Tropfen Teebaum

Erkältungsbalsam auf die Brust auftragen. Mit dieser Mischung bitte nicht die Nüstern einreiben! Um auch den äußeren Bereich der Nüstern dünn einreiben zu können, geben Sie einen Teelöffel Aloe Vera-Gel auf Ihre Hand und mischen Sie 3 Tropfen Cajeput hinein. Cajeput gehört zu den besonders milden Ölen gegen Erkältung.

Rissige und spröde Hufe

Zur Förderung des Hufwachstums und zu einer aktiven Verbesserung der Hornqualität nehmen Sie etwas Wollwachs oder Aloe Vera-Gel, mischen es mit ätherischem Lorbeeröl und pinseln den Huf und den Kronrand damit ein.
Auch Eukalyptusöl hat eine hervorragende Wirkung bei spröden, rissigen Stellen am Huf. In einer Mischung erhöht es die Stabilität der betroffenen Hufe, die natürliche Widerstandskraft wird angeregt und der Huf erhält mehr Elastizität für hohe Beanspruchung.

Rezeptur zur Hufpflege

- **100 g Aloe Vera-Gel**
- 10 Tropfen Lorbeer
- 8 Tropfen Eukalyptus

Mischung auf den Huf pinseln.

Rezeptur zur Förderung des Hufwachstum

- **50 g Aloe Vera-Gel**
- 20 Tropfen Lorbeer

Mischung auf den Kronrand des Hufes pinseln.

Hufrehe

Hufrehe ist eine Entzündung der feinen Blättchen der Huflederhaut, die die Verbindung zwischen Hufbein und Hufhorn darstellt. Mehrere Ursachen führen dabei zu einer Störung der Blutzirkulation im Bereich der Huflederhaut. Es kommt zu einem massiven Blutstau, der bei dem betroffenen Pferd zu großen Schmerzen führt. Im schlimmsten Fall kann es zu einer Ablösung des Hufbeines von der Hornkapsel kommen – das gefürchtete Ausschuhen. Danach ist eine Therapie zur Wiederherstellung eines gesunden Hufes sehr schwierig. Die häufigsten Ursachen sind falsche Fütterung, Überbelastung und Vergiftung.

Futterrehe: Eine Überfütterung mit kohlehydratreichem Futter fördert das Entstehen von Stoffwechselstörungen und führt im Dickdarm zu einer Freisetzung von Milchsäure. Eine Übersäuerung des gesamten Organismus ist die Folge. Früher war man der Meinung, dass eiweißreiches Futter Hufrehe auslöst. Dies wurde jedoch inzwischen revidiert und man rät diesbezüglich heute eher auf kohlehydratreiches Futter zu verzichten oder es nur in Maßen einzusetzen.

Bei der Vergiftungsrehe werden im Darm ähnliche Vorgänge wie bei der Futterrehe ausgelöst. Vergiftungen entstehen durch Aufnahme von Giftpflanzen, Schimmelpilzen sowie Pestiziden.

Die Belastungsrehe entsteht, wie das Wort schon sagt, durch zu starke Belastung des Hufes, z. B. durch lange Ausritte auf hartem Boden.

Eine weitere Form ist die Geburtsrehe. Sie kann durch Komplikationen im Ablauf des Geburtsprozesses entstehen, die dann später beim Fohlen zu einer Rehe führen können.

Man unterscheidet – je nach Verlauf – eine akute und eine chronische Form der Hufrehe. Blutgefäße im Bereich der Sohle und des vorderen Kronrands werden gequetscht. Dadurch wird das Hufwachstum gestoppt, später entwickeln sich diesbezüglich die sogenannten Reheringe.

Symptome akuter Hufrehe:
Das Pferd läuft „fühlig“ und steif, setzt nur ein Bein vor das andere. Es verlagert häufig das Gewicht um die Hufe zu entlasten. Das Vorstrecken der Vorderbeine ist ein Warnhinweis, die Hufe fühlen sich warm an. Begleitend spürt man dann meistens eine Pulsation der Zehenarterien.

Bis zum Eintreffen des Tierarztes müssen die Hufe gekühlt werden, entweder mit dem Wasserschlauch, oder Sie stellen das Pferd ins Wasser oder eine kühlende Schlammpfütze.
Als sofortige begleitende Maßnahme und während der ganzen vom Tierarzt verordneten Therapie können Sie folgende Mischung auf die Hornwand und die Kronrinne des Hufes dünn aufgetragen.

Rezeptur Hufrehe-Öl

- **100 ml Arnikaöl oder Calendulaöl**
- 10 Tropfen Eukalyptus
- 10 Tropfen Thymian
- 15 Tropfen Immortelle
- 8 Tropfen Bohnenkraut

Die akute Hufrehe ist ein echter Notfall! Verständigen Sie Ihren Tierarzt.

Bohnenkraut wurde bisher in diesem Buch noch nicht beschrieben. Für das Hufrehe-Öl benötigen wir jedoch die stark entzündungshemmende Wirkung von Carvacrol, welches in hohen Mengen in Bohnenkrautöl enthalten ist. Eukalyptus und Thymian wirken, wie schon bekannt, zusätzlich stark antibakteriell und durchblutungsfördernd. Immortelle zieht die Entzündung aus der Huflederhaut heraus.
Zusätzlich können Sie während des Krankheitsverlaufes die Entgiftung der Leber unterstützen. Geben Sie täglich 1 Esslöffel Schwarzkümmelöl (fettes Öl), vermischt mit 2 Tropfen Schafgarbe, ins Futter.

Insektenabwehr

Endlich ist es schön sonnig und warm. Doch kaum steigen die Temperaturen sommerlich an, kommen auch die lästigen Fliegen, Mücken und Bremsen, die unseren Pferden das Leben schwer machen. Besonders wohl fühlen sich Insekten bei Windstille und wenn Teiche, Bäche oder Flüsse in der Nähe sind. Bei feuchtwarmem Wetter wird es besonders schlimm. Hier können wir die Aromatherapie gut einsetzen.

Rezeptur zum Sprühen

- **200 ml Wasser**
- **20 ml unvergällter Alkohol**
- 25 Tropfen Lavendel fein
- 25 Tropfen Teebaum
- 30 Tropfen Citronella
- 15 Tropfen Zeder
- 5 Tropfen Patchouli

Bei intensivem Befall kann die Tropfenzahl in der Mischung leicht erhöht werden. Statt Wasser können Sie auch 100 ml Pflanzenwasser, z. B. Lavendelwasser oder Apfelessig verwenden. Gut schütteln und aufsprühen. Bitte Augen und Schleimhäute aussparen!

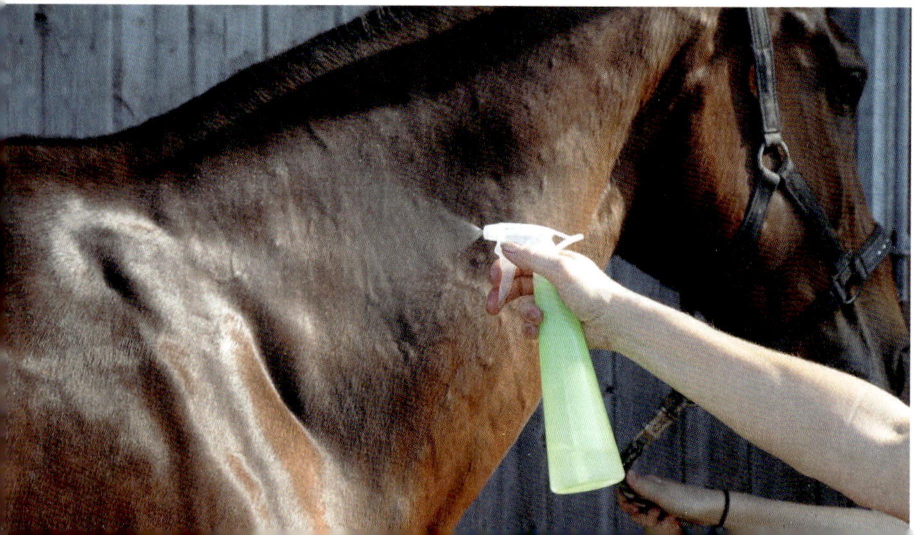

Insektenstiche

Leider werden Pferde häufig von Insekten gestochen. Dabei entstehen kleine Hautschwellungen bis hin zu großflächigen Quaddeln. Ein- bis zweimal täglich können Sie 1 bis 2 Tropfen unverdünntes Schafgarbenöl oder Teebaumöl auftupfen. Es wirkt sofort desinfizierend, abschwellend und schmerzlindernd.

Rezeptur zum Auftragen

- **50 g Aloe Vera-Gel**
- 15 Tropfen Teebaum
- 10 Tropfen Lavendel fein

Rezeptur zum Sprühen

- **100 ml Immortellenwasser**
- 25 Tropfen Teebaum
- 15 Tropfen Lavendel fein

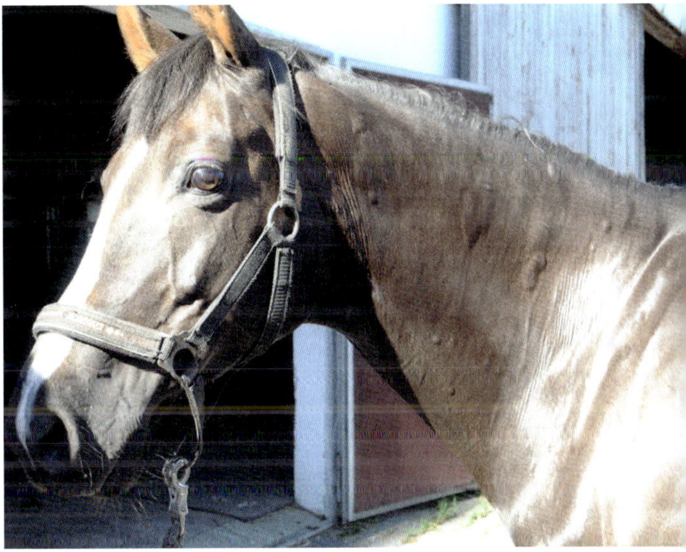

KREISLAUFSTÖRUNGEN

Manchmal sind Pferde schlapp, lustlos und müde. Schuld ist oft die Wetterlage.
Ein Gewitter droht, die Luft ist heiß und schwül, dies macht sich auch bei unseren Vierbeinern bemerkbar. Dazu vielleicht noch ein Turniertag, langes Stehen im warmen Hänger … – da bleibt es nicht aus, dass der Kreislauf schlapp macht.

Hier gibt es einen wunderbaren „Cooling-Tipp“:
Auf nasskalte Tücher einige Tropfen PFEFFERMINZE geben und dem Pferd über den Nacken legen. Sie werden merken, wie schnell die Lebensgeister wieder zurückkommen.
Auch leicht aufgesprühtes Pfefferminzwasser hilft ausgezeichnet.

Beine mit Wasser kühlen und das Pferd im Schritt bewegen gehören selbstverständlich dazu.

Mauke

Mauke ist eine bakterielle Hautentzündung in der Fesselbeuge des Pferdes. Vorzugsweise erkranken Pferde mit langem Behang.
Die Krankheit tritt am häufigsten in den Wintermonaten auf. Beides weist auf die Tatsache hin, dass die Haut, besonders nach einer Vorschädigung – z. B. Nässe, Urin, durch schlechte Boxenpflege oder mechanische Problematiken – für die Entzündung empfänglich ist. Diese äußert sich in der Ausbildung eines übelriechenden Sekrets über der wunden und teilweise stark juckenden Haut.
Die Symptomatik kann durch bakterielle Sekundärinfektionen verstärkt werden. Unbehandelt kommt es zum chronischen Verlauf, der mit einer starken Verdickung der Haut im betroffenen Bereich einhergeht, was bis zu einer Bewegungseinschränkung des darunterliegenden Gelenkes führen kann.

Anwendung und Mischung in drei Schritten:

Grundrezeptur mit ätherischen Ölen

- 10 Tropfen Lavendel fein
- 10 Tropfen Manuka
- 15 Tropfen Teebaum
- 8 Tropfen Rose
- 8 Tropfen Kamille römisch

Zusätzlich zu den bereits kennen gelernten ätherischen Ölen enthält die hier vorgestellte Mauke-Rezeptur das Öl Manuka. Dieses Öl wirkt besonders stark antibakteriell, hautregenerierend und wundheilend und findet somit hier seinen richtigen Einsatz.
Um einen nachhaltigen Erfolg zu erzielen, verwenden Sie die ätherische Ölmischung in der Reihenfolge, wie es auf der nächsten Seite beschrieben wird.

Schritt 1:
Tragen Sie in den ersten 2 Tagen die ätherische Öle-Grundmischung 2 x täglich pur auf die betroffenen Stellen auf.
Verwenden Sie eine Flasche mit Sprühaufsatz für flächiges Aufsprühen.

Schritt 2:
Geben Sie die Grundrezeptur in 100 ml Rosenwasser oder in 100 g Aloe Vera-Gel. Diese Mischung tragen Sie nun mindestens 7 - 10 Tage auf.

Schritt 3:
Damit die abgeheilte Haut weiterhin keine rissigen Stellen bekommt, mischen Sie 2 Tropfen ROSE und 2 Tropfen KAMILLE BLAU in 1 TL Aloe Vera-Gel und tragen es weiterhin auf die behandelten Hautstellen auf.
Da Mauke tückisch ist und sich oft die Unterhaut, bakteriell bedingt, wiederholt entzündet und rasch ausbreitet, ist die Nachbehandlung von größter Bedeutung. Durch die entzündungshemmende und antibakterielle Wirkung der ätherischen Öle kann man diese Komplikationen verhindern.

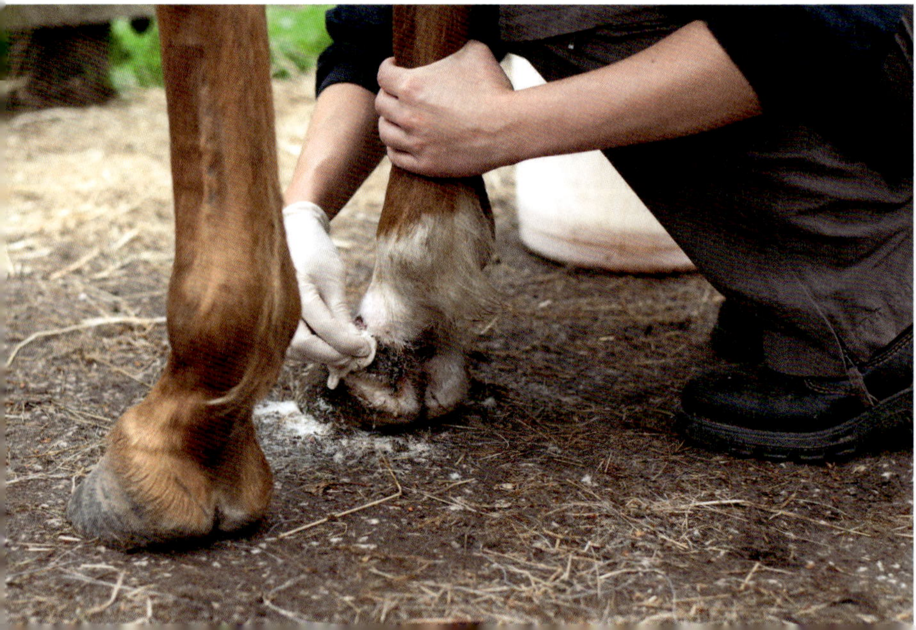

Muskelbeschwerden

Jede Bewegung des Pferdes ist ein Zusammenspiel vieler Muskeln. Indem sich Muskelzellen zusammenziehen und wieder entspannen, wird Bewegung möglich. Dazu brauchen die Muskelzellen Energie. Reicht diese nicht aus, z. B. verursacht durch unzureichendes Training, falsche Ernährung, Blockaden oder einen schlecht sitzenden Sattel, können die Muskeln sich nicht mehr entspannen. Dieser Teufelskreislauf ist den meisten Reitern bekannt.

Muskelverspannungen und Blockaden können zu Unreinheiten der Gänge und zur Lahmheit führen.
Soweit muss es nicht kommen. Wenn Sie spüren, dass irgendwo etwas „klemmt", können Sie mit einer ätherischen Öle-Mischung und Massagen entgegenwirken (siehe Seite 81).

Bei größeren Problemen setzen Sie Ihren Tierarzt, Physiotherapeuten oder Osteopathen in Kenntnis.

Vermischen Sie die genannten ätherischen Öle mit den beiden Trägerölen und arbeiten Sie diese in die betroffenen Muskelpartien ein.

Rezeptur bei Muskelverspannungen

- **50 ml Johanniskrautöl**
- **50 ml Arnikaöl**
- 10 Tropfen Rosmarin
- 5 Tropfen Pfefferminze
- 5 Tropfen Ingwer
- 10 Tropfen Wacholder

Bitte beachten: Die Mischung hinterlässt für einige Tage einen leichten Fettfilm auf dem Fell.

Für diese Rezeptur möchte ich Ihnen zusätzlich Wacholder ans Herz legen.
Wacholderöl wird aus den Beeren des Wacholderstrauches per Wasserdampf-Destillation gewonnen und duftet angenehm würzig.
Das Öl ist sehr wirksam um Muskelverspannungen zu lösen.
Wacholder fördert die Durchblutung, festigt das Bindegewebe, unterstützt den Lymphfluss und wirkt entkrampfend.

Narbenbehandlung

Auch wenn wir noch so auf unsere Pferde und deren Umfeld achten, passiert es leider immer wieder: Unfälle, die zu tieferen Verletzungen führen, wie z. B. durch Weidezäune, Rangeleien mit anderen Koppelpartnern usw., sind nicht zu vermeiden. Oft müssen diese Verletzungen genäht oder geklammert werden. Zurück bleiben Narben, deren verklebtes Gewebe immer wieder den Energiefluss der Meridiane stören kann. Die Narbe einer Kolik-OP ist ein gravierendes Beispiel. Der Schnitt liegt auf der Bauchunterseite. Hier befindet sich die Linie der Konzeptionsgefäße, welche den Verlauf der Yin-Meridiane steuern. Durch eine starke Vernarbung entstehen Blockaden in diesem Bereich. Auch hier kann die Aromatherapie gute Dienste leisten. Mit der folgenden Mischung können Sie die Narbe 2 x täglich gut einmassieren. So heilt sie hervorragend ab, bleibt geschmeidig und Sie werden später kaum noch etwas von ihr sehen und spüren.

Rezeptur Narbenöl

- **50 ml Mandelöl**
- 10 Tropfen Lavendel fein
- 5 Tropfen Cistrose
- 6 Tropfen Kamille blau
- 8 Tropfen Rosengeranie
- 5 Tropfen Weihrauch

Das rezepturergänzende äth. Öl Weihrauch wirkt antioxidierend und zellregenerierend. Weitere 8 - 10 Tropfen Sanddorn-Fruchtfleischöl runden diese Rezeptur optimal ab.

Sehnenverletzungen / Zerrungen

Ursache einer Sehnenverletzung ist meistens eine Überdehnung der Sehne, wobei durch Lockerung der Fibrillen und Faszien ein Stabilitätsverlust eintritt.
Das kann durch mehrere Faktoren ausgelöst werden, z.B. Muskelermüdung, ungünstige Bodenbeschaffenheit, Stellungsfehler, um nur einige zu nennen.
Bei Sportpferden gehört eine Sehnenerkrankung zu den häufigsten Ursachen für Lahmheit.
Nach jedem Training und jedem Ritt sollten die Beine des Pferdes abgetastet werden, da schon kleinste Anzeichen, wie Wärme oder Druckschmerz erste Alarmzeichen sein können.
Wenn diese Symptome auftreten, schonen Sie Ihr Pferd und reiten Sie es am nächsten Tag nicht.
Hilfreich bei diesen o.g. Anzeichen ist folgende Mischung:

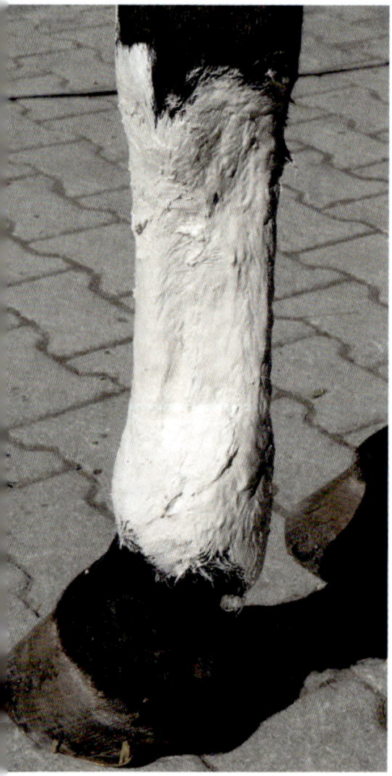

Rezeptur zum Auftragen „kühlend“

- **1 kg Grüne Tonerde**
- 30 Tropfen Rosmarin
- 30 Tropfen Pfefferminze
- 20 Tropfen Latschenkiefer
- 20 Tropfen Eukalyptus
- 10 Tropfen Lavendel fein

Die ätherischen Öle in die Tonerde mischen. Streichen Sie die Mischung fingerdick auf die betroffene Stelle, lassen Sie sie trocknen und über Nacht einwirken.

Am nächsten Tag spülen Sie die Beine mit kaltem Wasser ab und entfernen somit die Paste.
Die Rezeptur mit Grüner Tonerde kühlt langanhaltend und begünstigt die Regeneration der Muskeln und Sehnen.
Sie sollte in den ersten 3 bis 4 Tagen für Abschwellung und Schmerzlinderung sorgen.
Kühlen Sie das betroffene Bein zusätzlich mindestens 2 x täglich mit kaltem Wasser.
Ist die Hauptschwellung zurückgegangen, werden durchblutungsfördernde Einreibungen aufgetragen.

Zur wärmenden Weiterbehandlung:

Ziehen Sie bei geschwollenen Sehnen und Gelenken Ihren Tierarzt zu Rate.

Rezeptur zum Auftragen „wärmend“

- **100 ml Johanniskrautöl**
- 10 Tropfen Rosmarin
- 8 Tropfen Eukalyptus
- 10 Tropfen Lavendel fein
- 8 Tropfen Ingwer

Diese Mischung fördert die Regeneration und begünstigt das Ausscheiden von Giftstoffen. Es schenkt dem Pferd Wohlbefinden und Entspannung.

Sommerekzeme

Bereits im Frühjahr, sobald die ersten warmen Tage einsetzen, beginnt für viele Pferde eine schlimme Leidenszeit.
Diese zeigt sich durch einen extremen Juckreiz an Mähne und Schweifansatz. Hier entstehen oft haarlose Stellen. Die Pferde wollen sich immer und überall scheuern und kratzen. Hautverletzungen sind die Folge und der Teufelskreis beginnt. Es entstehen entzündliche Stellen, die bevorzugt von diversen Insekten wie z. B. Kriebelmücken oder Dasselfliegen aufgesucht werden. In schlimmen Fällen entstehen dann nässende, blutige und eitrige Ekzeme.

Rezeptur zum Auftragen

- **100 g Aloe Vera-Gel**
- 10 Tropfen Lavendel fein
- 10 Tropfen Teebaum
- 5 Tropfen Kamille römisch
- 5 Tropfen Manuka
- 5 Tropfen Rosengeranie

Ätherische Öle mit dem Gel mischen und auf die befallenen Hautpartien auftragen.

Auf bereits offene, aufgescheuerte Stellen zunächst etwas Wundheilsalbe geben (siehe Seite 61). Die Wundheilsalbe enthält Lavendel fein und Teebaum und schützt somit noch zusätzlich vor den lästigen Blutsaugern. Wenn das Pferd sehr stark betroffen ist, behandeln Sie zuerst die offenen Hautpartien, tragen dann auf die restlichen befallenen Stellen die o.g. Aloe Vera-Gel Rezeptur auf und bedecken zum Schluss das ganze Pferd mit einer Ekzemerdecke. So kann es wenigstens die Tage auf der Koppel verbringen, auch wenn die Plagegeister besonders unerträglich sind.

STRAHLFÄULE

Es handelt sich um eine Infektion und Fäulnis im Bereich der Strahlfurchen, die durch Nässe und Bakterien entstehen. Oft ist der Strahl auch selbst betroffen.
Dabei kann es zu einer massiven Entzündung, die bis ins Strahlbein reicht, sogar bis hin zur Zersetzung des Horns kommen.
Die Hufe sollten sauber und trocken gehalten werden. Lassen Sie das faulige Horn vom Hufschmied entfernen. Dann können Sie im ersten Schritt 2 x täglich unverdünntes Teebaumöl aufträufeln, bis die Strahlfurche und der Strahl wieder fest und trocken aussehen.

EMPFEHLUNG

- 1 - 2 Tropfen TEEBAUM
  pur aufträufeln

Zur Nachsorge mischen Sie einige Tropfen ROSENGERANIE, TEEBAUM und EUKALYPTUS in etwas Aloe Vera-Gel und bepinseln Sie 2 - 3 mal in der Woche die entsprechende Stelle damit.

Sonnenbrand

Auch Pferde können einen Sonnenbrand bekommen. Die Haut im Bereich des Kopfes und des Rückens ist besonders anfällig. Betroffen sind Pferde mit schwach pigmentierter rosa Haut am Maul und der Blesse. Diese Stellen schwellen an und sind stark gerötet.
Als Sofortmaßnahme können Sie Lavendel fein unverdünnt auf die betroffenen Hautstellen geben. Es lindert den Schmerz, desinfiziert und hat eine sofortige beruhigende Wirkung auf die verbrannten Stellen.
Bitte achten Sie bei solch anfälligen Pferden auf einen Kopf- und Nasenschutz. Die Pferde sollten schattige Plätze, z. B. unter Bäumen, aufsuchen können.

Rezeptur zum Auftragen

- **50 g Aloe Vera-Gel**
- 15 Tropfen Lavendel fein
- 5 Tropfen Karottensamen
- 4 Tropfen Manuka

Karottensamenöl ist ebenfalls ein ätherisches Öl und wird per Wasserdampf-Destillation aus den Samen der Speisemöhre gewonnen. Es zählt zu den besonders hautpflegenden und hautnährenden Essenzen und ergänzt diese hautregenerierende Rezeptur hervorragend.

Das Schönste im Frühjahr, Sommer und goldenen Herbst ist der ausgiebige Weidegang für die Pferde, wobei gerade bei hellen Pferden auf genügend schattige Plätze zu achten ist.
Der Weidegang spielt eine extrem wichtige Rolle für den Sozialkontakt und das psychische Wohlbefinden. Durch die ständige Bewegung auf der Koppel werden die Gelenke mit Gelenkflüssigkeit geschmiert. Allen Pferden tut das sehr gut, besonders hilfreich ist es für Pferde mit Arthrose-Problemen.
Alle Pferdezüchter wissen: Es gibt nichts Besseres! Fohlen sollten bis zum Remontenalter so viel wie möglich mit ihren Artgenossen draußen sein, herumtoben und spielen können.
Und – nicht zu vergessen, hier wird schon früh die Nase für die eigene Kräutersuche sensibilisiert.

Wundbehandlung

Jeder Pferdehalter und Züchter kennt das Problem der „kleinen Wunden", die zu einem größeren Problem, wie z. B. ein dickes Bein werden können. Und sie lauern jeden Tag:
Ob auf der Koppel, beim Herumtoben mit den Koppelfreunden, beim Wälzen in der Box, beim Ausritt usw., täglich gibt es etliche Gelegenheiten für kleine Kratzer oder Schürfwunden.

Bei größeren Wunden, die stark bluten und deren Hautspalte mehr als 2 bis 3 Zentimeter beträgt, muss der Tierarzt gerufen werden, da eventuell genäht werden muss.

Kleinere Wunden kann man hervorragend mit antiseptischen, desinfizierenden und entzündungshemmenden ätherischen Ölen aromatherapeutisch behandeln.
Lavendel fein, Teebaum und Schafgarbe sind wie schon erwähnt die einzigen Öle, die Sie pur auf Wunde und Haut geben dürfen.
Alle anderen Öle werden in einen Träger gemischt. Hier empfiehlt sich Aloe Vera-Gel oder eine Zinksalbe aus der Apotheke.

Lavendelöl wirkt antibakteriell, schmerzlindernd und ist bekannt dafür, das Wachstum neuer Zellen zu fördern und damit die Bildung von Narben in Grenzen zu halten. Zusätzlich hält es die Fliegen von der Wunde fern.

Teebaumöl wirkt wie ein natürliches Antibiotikum stark antibakteriell, desinfizierend, infektions- und entzündungshemmend. Es ist eines der wissenschaftlich am besten erforschten ätherischen Öle. Auf eitrige Wunden aufgetragen führt es zur schnellen Heilung und hinterlässt eine saubere Wundfläche, die das angrenzende gesunde Gewebe nicht angreift.

Schafgarbenöl mit seinem Wirkstoff Azulen wirkt stark entzündungshemmend, wundheilend und hautregenerierend. Azulen gibt dem Öl die blaue Farbe.
Es beruhigt die Haut, leitet übermäßige Wärme ab, lindert den Schmerz und fördert so die Heilung.
Nach der ersten unverdünnten Anwendung können Sie anschließend eine Wundheilsalbe auf Basis von Zinksalbe herstellen.
Die Rezeptur enthält Kamille blau (auch Echte Kamille genannt), welche die gereizte Haut beruhigt und Rötungen abklingen läßt. Kamille blau kann in der unten genannten Rezeptur auch durch Schafgarbe oder durch das preisgünstigere Manuka ersetzt werden. Cistrose wirkt antibakteriell und blutstillend, Rosengeranie ist hautpflegend und vermindert die Bildung von Narben. Schnell läßt sich diese Salbe anrühren, um kleine Hautverletzung zu behandeln.

Rezeptur Wundheilsalbe

- **50 ml Zinksalbe**
- 15 Tropfen Lavendel fein
- 8 Tropfen Kamille blau
- 4 Tropfen Cistrose
- 2 Tropfen Teebaum
- 3 Tropfen Rosengeranie

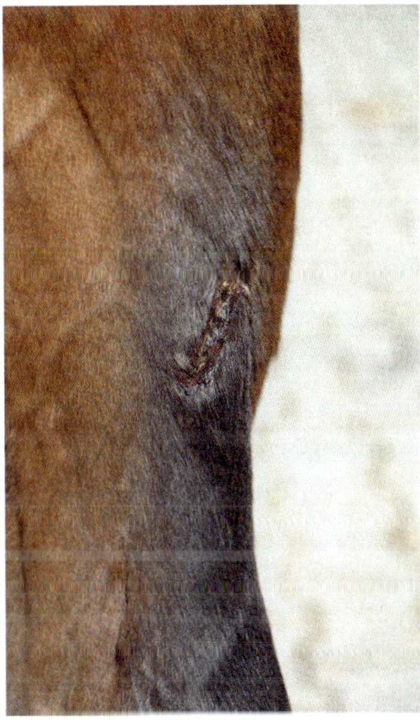

Verdauungsbeschwerden

Pferde haben einen sehr empfindlichen Darm. Ist die Verdauung aus irgendeinem Grund gestört, kann es leicht zu Blähungen kommen. In einem gewissen Maße ist es normal, dass sich im Darm Gase bilden. Mögliche Ursachen sind: Futterumstellung, zu viel frisches Gras, sehr eiweißreiches Heu, zu wenig Bewegung, Stress, Wetterumschwung, Pilzinfektionen oder Wurmbefall des Darmes. Auch schlechtes oder verdorbenes Futter und zu viel frisches Obst können die Verdauung eines Pferdes durcheinander bringen.

Rezeptur zur Einreibung

- **30 ml Johanniskrautöl**
- 2 Tropfen Anissamen
- 4 Tropfen Fenchel
- 3 Tropfen Kreuzkümmel
- 2 Tropfen Schafgarbe

Ätherische Öle in das Johanniskrautöl mischen und mit kreisenden Bewegungen die Bauchunterseite einreiben.

Vorsicht:
Wenn das Pferd unruhig wird, scharrt und sich hinlegen möchte, bitte sofort den Tierarzt informieren!

Anissamen und Kreuzkümmel ergänzen die Sammlung unserer ätherischen Öle für Pferde und finden ihren Einsatz vor allem in der oben genannten Rezeptur zum Einreiben bei Magen- und Verdauungsbeschwerden. Anissamen kann gegebenenfalls auch für die innerliche Einnahme verwendet werden (siehe nächste Seite).

Innerlich können ätherische Öle vereinzelt und in niedrigster Dosis über den Verdauungstrakt direkt aufgenommen werden.
Hier sind jedoch fachliche Kenntnisse über Wirkung, Nebenwirkungen, Dosierung und Verstoffwechselung unbedingt erforderlich.

Vorsicht! In zu hohen Dosen können ätherische Öle die Magen-Darm-Flora stören und die Schleimhäute reizen.
Bitte gerade in dieser Hinsicht auf qualitativ hochwertige Öle achten. Bei Erkrankungen des Verdauungstraktes ist die Aromatherapie u.a. bei Blähungen, Durchfall und Appetitlosigkeit wirksam.
Einige Öle, wie z. B. LAVENDEL FEIN oder PFEFFERMINZE, dürfen die Pferde nach Bedarf und Auswahl von der Hand ablecken.
Über die Futtereingabe ist es natürlich etwas einfacher.
Leinöl kann man sehr gut als Träger verwenden, um die ausgewählten Öle unter das Futter zu mischen.
Maximal können Sie 4 - 5 Tropfen ätherische Öle 1 x täglich verabreichen. FENCHEL, ANISSAMEN oder auch KAMILLE RÖMISCH helfen bei Verdauungsproblemen, Bauchschmerzen und Blähungen.
Mischen Sie Mash (verdauungsförderndes Futter mit einem hohen Anteil an Leinsamen und Weizenkleie) mit warmem Wasser an. Geben Sie einen Schuss Leinöl und je 2 Tropfen FENCHEL, ANISSAMEN oder auch KAMILLE RÖMISCH hinzu.

Fellpflege bei Hautirritationen und Parasitenbefall

Shampoo zur Fellpflege

Antibakterielles und hautpflegendes Shampoo

Wie oft suchen wir für unsere Lieblinge das geeignete Shampoo und finden es nicht. Dabei können wir es so einfach selber herstellen. Das gibt uns die Möglichkeit, individuell auf Hautprobleme und Parasitenbefall einzugehen oder auch „nur" für ein gepflegtes, glänzendes Fell zu sorgen.
Mit ätherischen Ölen bekommen wir die Hauthygiene, Bakterien und andere Keime in den Griff.

Rezeptur

- **100 ml Neutralshampoo**
- 10 Tropfen Teebaum
- 10 Tropfen Lavendel fein
- 10 Tropfen Palmarosa
- 8 Tropfen Kamille römisch
- 5 Tropfen Zitrone

Diese Rezeptur wird zur Fellpflege bei Hautirritationen, wundgescheuerten Hautstellen und Parasitenbefall gerne eingesetzt.
Durch das ätherische Öl Palmarosa ist die Mischung besonders hautverträglich und gleichzeitig stark antibakteriell und antimykotisch wirksam.

Glanzshampoo für ein strahlendes, samtiges Fell

Rezeptur

- **100 ml Neutralshampoo**
- 5 Tropfen Bergamotte
- 8 Tropfen Rosengeranie
- 2 Tropfen Palmarosa
- 3 Tropfen Zitrone

Bergamotte gibt dieser Mischung ihren angenehm frischen Duft und regeneriert die Hautzellen.
Um den Glanz in Schweif und Mähne zu verstärken, geben Sie einige Tropfen Arganöl oder Jojobaöl in die Mischung.

Verhaltensauffälligkeiten mit ätherischen Ölen behandeln

Jederzeit und überall auf der Welt haben Menschen Wege gesucht und gefunden, um mit ihren Pferden zu einem harmonischen Miteinander zu gelangen. Sie erkannten zum Glück immer wieder, dass man ein Pferd durch Gewalt und Einschüchterung zwar gefügig machen kann, es aber dadurch eher zur willenlosen Kreatur degradiert. Das Wissen um das arteigene Verhalten und die Psyche des Pferdes ist die Basis für eine funktionierende Partnerschaft zwischen Mensch und Pferd mit dem Ziel, gegenseitigen Respekt, Vertrauen und Verständigung durch feine Signale zu erreichen.
Das Pferd ist ein Fluchttier und man muss die Instinkte deuten, verstehen und dadurch Vertrauen schaffen. Klare und sichere Anweisungen helfen, die eigenen Ängste und die des Pferdes zu überwinden. Auf diese Weise kann man zu einer harmonischen Kommunikation finden.

Gott schläft im Stein,
träumt in der Pflanze,
erwacht im Tier
und handelt im Menschen.
(Indische Lebensweisheit)

Doch nicht in jeder Situation ist uns Reitern das immer bewusst. Manchmal gerät das Pferd in Situationen, die psychische Folgen nach sich ziehen. Aufzucht, Stallhaltung, das Einreiten junger Pferde und der Umgang mit ihnen ist leider nicht immer „pferdegerecht“. Dazu kommen Haltungsmängel, wie z. B. nicht ausreichende Sozialkontakte. Das Pferd ist und bleibt ein Herdentier und braucht seine Artgenossen um sich in seinem sozialen Umfeld zurecht zu finden. Erhält es diese Möglichkeit nicht, entwickeln sich Verhaltensmuster, die den artgerechten nicht entsprechen.

Koppen, Weben, Aggressivität oder mangelndes Sozialverhalten in der Gruppe sind einige von ihnen.
Möglicherweise kommt noch ein Trauma hinzu, wie zu frühe Trennung als Fohlen von der Mutter, Verlust eines Freundes, Unfall im Gelände, auf der Koppel oder mit dem Pferdehänger usw.. Viele Gründe führen dazu, warum ein Pferd sein Verhalten ändert. Es liegt an uns, dies zu erkennen und zu verstehen. In der Herdenordnung haben wir die Position des Leittieres, das ihm Vertrauen und Sicherheit gibt.
Traumata, schlechte Erinnerungen und Erfahrungen können wir mit viel Geduld und dem Duft der ätherischen Öle mildern, erleichtern und vielleicht ganz auslöschen.
Rezepturen gibt es dafür keine, hier sind das innige Verhältnis, das Vertrauen zum Pferd und die Kompetenz des Halters gefragt.
Machen Sie sich im voraus Gedanken, welche Ursachen die Ängste, Aggressivität, Abgeschlagenheit oder auch Trauer Ihres Pferdes haben könnten.
Wissen oder erahnen Sie den Grund, dann suchen Sie die entsprechenden Öle aus und lassen Sie es schnuppern und entscheiden (siehe Seite 72).

Wenn Sie den Auslöser nicht ausfindig machen können (manchmal passieren Dinge im Stall oder auf der Weide, die man nicht mitbekommt, oder Sie haben das Pferd gerade erst erworben), dann schauen Sie rechts auf die Tabelle, welches ätherische Öl für die jeweilige Stimmung passend ist. Diese Auswahl umfasst ätherische Öle, die auf psychischer Ebene wirken und sich in der Praxis bewährt haben.

Natürlich können Sie auf ein noch viel größeres Sortiment an ätherischen Ölen im Fachhandel zurückgreifen. Weiterführende Literatur finden Sie u.a. im Anhang dieses Buches.

	Auswahl ätherischer Öle
Angst	Benzoe Siam, Bergamotte, Jasmin 4 %, Johanniskraut, Kamille römisch, Lavendel fein, Lorbeer, Melisse 30 %, Neroli, Patchouli, Schafgarbe, Weihrauch, Ylang-Ylang kompl., Zeder, Zirbelkiefer
Trauer	Benzoe Siam, Bergamotte, Neroli 10 %, Orange, Rose 10 %, Rosengeranie, Weihrauch, Zeder
Trennungsschmerz	Neroli 10 %, Rose 10 %, Schafgarbe
aufbauend / stärkend	Cistrose, Immortelle, Karottensamen, Lavendel fein, Lorbeer, Melisse 30 %, Neroli 10 %, Patchouli, Rose 10 %, Rosmarin, Sandelholz, Schafgarbe, Weihrauch, Zeder, Zirbelkiefer
beruhigend / entspannend	Anis, Benzoe Siam, Bergamotte, Eukalyptus citr., Fenchel, Kamille römisch, Karottensamen, Lavendel fein, Manuka, Neroli 10 %, Orange, Ylang-Ylang kompl., Zeder

Bei spezifischen Verhaltensauffälligkeiten probieren Sie folgende Öle aus:

- Koppen: Ylang-Ylang, Kamille röm., Weihrauch, Rose
- Weben: Neroli, Lavendel fein, Lorbeer, Manuka
- Gereiztheit und Aggressivität durch eventuell früher erlebte Misshandlungen: Rose, Schafgarbe oder Kamille, Neroli

Testen Sie die Düfte mit Ihrem Pferd gemeinsam aus und Sie werden überrascht sein, welche Erkenntnisse Sie über Ihr Pferd gewinnen.

Mache Dich auf den Weg und werde eins mit Deinem Pferd

Wenn Stuten rossig sind ...

In einem Zuchtstall, in dem Stuten aufgestallt sind, empfiehlt sich eine Beduftung mit Rosenöl.
Rosenöl unterstützt die Empfängnisbereitschaft der Stuten während der Rosse und wirkt gleichzeitig ausgleichend und beruhigend bei auffälligem Rosseverhalten.
Bieten Sie der Stute mehrmals täglich den Duft der Rose auf Ihrem Handrücken an.

Zu diesem Thema wurden bereits Versuche durchgeführt und Studien erstellt. Über ein Großraum-Beduftungsgerät wurde ein Stutenstall mit ätherischem Rosenöl beduftet – mit durchweg positiver Wirkung.

Welches Öl braucht mein Pferd?

Auswahl und Reaktion

Wie schon in den vorhergehenden Kapiteln erwähnt, besitzen Pferde einen sehr feinen und sensiblen Geruchssinn. Diese Eigenschaft machen wir uns für die Arbeit mit den ätherischen Ölen zunutze, wenn sie diese konzentriert wittern und ihrem Instinkt folgen. Hat das Öl momentan keinen therapeutischen Wert für das Pferd, wird es sich abwenden. Es zeigt uns ganz deutlich, welches das passende Öl für seinen jeweiligen Zustand ist.
Versuchen Sie nicht, Ihrem Pferd ein Öl aufzuzwingen, das es nicht mag.
Vor jeder Anwendung sollte die Reaktion erneut getestet werden.
Wählen Sie nach eingehender Bestimmung der Symptome höchstens drei bis vier Öle aus.
Finden Sie heraus, ob die Verhaltensauffälligkeit rein körperlich ist oder ob sie auch seelischer Natur sein kann.
Bei eindeutigen körperlichen Beschwerden wie z. B. Mauke, Strahlfäule, Wunden oder zur Insektenabwehr müssen Sie natürlich nicht abfragen.
Pferde sind äußerst sensible Tiere. Ein neuer Stall, der Verlust eines Kameraden oder ein neuer Boxennachbar wirkt sich unter Umständen schon auf seine Stimmung aus. Fressunlust, Gereiztheit oder andere Auffälligkeiten können die Folge sein.
Gibt es Diskrepanzen zwischen Ihnen und Ihrem Pferd? Müssen Sie gerade gemeinsam trainieren? Steht ein Stallwechsel an?
Hier kann die Aromatherapie wunderbar behilflich sein. An Veränderungen des Gemütszustandes und der Reaktion des Pferdes ist schnell ersichtlich, wie die ätherischen Öle wirken.
Um das passende Öl für Ihr Pferd herauszufinden, nehmen Sie einen Tropfen des ausgewählten Öls auf Ihren Handrücken und lassen das Pferd mit etwas Abstand zu den Nüstern schnuppern.

Beobachten Sie jetzt gut seine Reaktion: Schnuppert es interessiert, flehmt es und möchte es eventuell das Öl von Ihrem Handrücken ablecken, so kommt dieses Öl in die enge Auswahl. Im Bild links sehen Sie das Interesse des Pferdes an diesem Öl.

Wendet sich das Pferd hingegen ab, legt vielleicht sogar die Ohren an und zeigt eine deutlich negative Reaktion (siehe Bild unten), dann ist es eindeutig nicht das passende Öl.

Reagiert das Pferd auf zwei verschiedene Öle positiv, dann nehmen Sie beide. Das Öl, auf welches das Pferd intensiver anspricht, dosieren Sie etwas höher in einer Mischung. Bitte beachten Sie auch hier die Dosierungsanweisung!
Konzentrieren Sie sich auf Ihr Pferd und lassen Sie sich nicht ablenken – diese Minuten der Auswahl sind sehr wichtig.
Darüber hinaus sind es sehr innige Momente für ein stilles, vertrauensvolles „Zuhören“.

Fallstudie:

Vor einigen Jahren wurde ich zu einer Reitanlage gerufen, bei der ich schon einige Pferde physiotherapeutisch behandelt hatte. Diesmal ging es um einen Notfall. Didi, ein sechsjähriger Schimmel, war im Ausland erworben worden.
Im Stall angekommen stellte sich heraus, dass der Wallach sich nicht anfassen ließ, aggressiv reagierte und auch noch lahmte.
Beim ersten vereinbarten Termin holte die Stallbesitzerin den Wallach aus seiner Box.
Seine Augen sprachen Bände…! Panik, Misstrauen und eine totale Abwehrhaltung waren sofort zu erkennen. Man sagte mir, dass der Wallach beiße und ausschlage, sobald man ihn anfasse.
Er wurde an zwei Stricken rechts und links angebunden. Ich gab zu verstehen, dass ich alleine mit ihm arbeiten wolle.
Zuerst träufelte ich ein paar Tropfen Lavendelöl auf meinen Handrücken und reichte ihm die Hand zum Schnuppern. Sofort legte er die Ohren an und machte Drohgebärden. Langsam ging ich um ihn herum und erblickte lauter Brandwunden, die aussahen, als seien sie durch ausgedrückte Zigarettenstummel entstanden! Mir war zum Weinen zumute … Was hatte dieses Pferd schon alles mitgemacht?
Hier war es erst einmal wichtig, die erlebten Misshandlungen aufzulösen. Ich gab einige Tropfen Neroliöl auf den Handrücken, das Didi besser annahm, wenn auch misstrauisch. Lange hielt ich ihm meine Hand entgegen, bis er mir nicht mehr feindselig gesonnen war. Der Stallbesitzerin hinterließ ich das Neroli-Fläschchen mit der Bitte, ihm dieses Öl mehrfach am Tag anzubieten, sonst nichts.
Vier Tage später fuhr ich wieder hin. Der Wallach wirkte etwas ruhiger, aber man konnte ihn immer noch nicht anfassen. Ich gab auf die eine Hand Neroliöl, auf die andere Irisöl. Er entschied sich diesmal für Iris.
Heute aber wollte ich etwas weiter gehen: Ich hielt ihm die Hand mit dem Irisöl hin und begann langsam seinen Hals ganz leicht auszustreichen. Zweimal versuchte er zu beißen, gab dann aber Schritt

für Schritt nach und ließ es geschehen. Nach zwei Stunden konnte ich ihn am ganzen Körper streicheln.
Es dauerte zwei Wochen, bis ich die ersten leichten Massagegriffe anwenden konnte. Mittlerweile waren wir bei Sandelholz-Öl angelangt. Drei Wochen später ließ er sich von mir physiotherapeutisch behandeln. Dabei stellte ich fest, dass der Kopf-Arm-Muskel und die Schulter- und Trapezmuskulatur sehr blockiert waren. Nach der physiotherapeutischen Behandlung rieb ich ihn mit der muskellösenden Ölmischung (siehe Seite 52) ein.
Nach ein paar Wochen waren Didi und ich beste Freunde. Anderen gegenüber verhielt er sich noch immer misstrauisch, Männer ließ er nach wie vor nicht an sich heran.
Man konnte ihn nun putzen und massieren. Öle zum Schnuppern brauchte ich für ihn zu diesem Zeitpunkt nicht mehr. Und – Didi lahmte nicht mehr! Ich empfahl der Stallbesitzern, ihn einige Zeit „tief-lang" zu longieren, bis er loslassen konnte. Immer wieder besuchte ich Didi und stellte mit Freude fest, dass er nun „zu Hause" angekommen war, sich wohlfühlte und ein wunderbares Schulpferd – allerdings nur für Mädchen – geworden war.

Ätherische Öle für die Stallapotheke

Mit Hilfe von ätherischen Öle können Sie den Stall prima vor lästigen Plagegeistern, wie Fliegen und anderen Insekten, schützen. Lavendel, Teebaum und Pfefferminze sind hier die Alleskönner. Zur Beduftung können elektrische Großraumbeduftungs-Geräte eingesetzt werden.
Viel einfacher und kostensparender aber geht es so: Wasser mit etwas unvergälltem Alkohol mischen und in eine Pumpspritze füllen. Die oben genannten Öle einträufeln und gut vermengen (100 % Wasser : 5 % ätherische Öle).

Mit dieser Mischung besprühen Sie Wände, Boxenwände und Stallgasse. Sie werden sofort merken, wie sich die quälenden Plagegeister verziehen. Zusätzlich haben Sie einen desinfizierenden und luftreinigenden Effekt.
Auch so manches Milbentierchen, das sich im Holz der Boxenwände verkrochen hat, wird dadurch entfernt.
Bitte sprühen Sie den Stall nur dann aus, wenn Ihre Pferde draußen sind! Die Mischung darf nicht in die Augen gelangen.
In einem Stall, in dem der Husten grassiert, können Sie die Stallluft mit Eukalyptus, Cajeput und Teebaum reinigen und desinfizieren und schaffen so ein atmungsaktives Klima.
Beginnen Sie mit einer niedrigen Dosierung, so dass die Pferde sich an den Duft gewöhnen. Langsam können Sie dann die Dosis erhöhen, aber bitte beobachten Sie immer die Reaktion der Pferde.

In der nachfolgenden Tabelle finden Sie sieben ausgewählte ätherische Öle die für die Stallapotheke besonders zu empfehlen sind.

Erste Hilfe mit 7 ätherischen Ölen für die Stallapotheke

	Ätherisches Öl	Träger	Utensilien	Anwendung
Wunden	Lavendel fein Teebaum Schafgarbe	kein Träger oder in Zinksalbe	Wundkompresse Bandage Klebeband Schere	Ätherisches Öl pur auftragen und falls erforderlich Wundkompresse anlegen
Geschwollene Beine	Pfefferminze Eukalyptus Lavendel fein	Aloe Vera-Gel, Grüne Tonerde	Gefäß zum Anrühren Einmal-Handschuhe	Ätherisches Öl in Träger einrühren und fingerdick auftragen
Kreislaufbeschwerden	Pfefferminze	kein Träger	Tuch	2 - 3 Tropfen ätherisches Öl auf kaltes nasses Tuch träufeln und über den Pferdenacken legen
Schock	Neroli	kein Träger		1 Tropfen auf Handrücken geben und dem Pferd anbieten
Insektenstiche	Teebaum	kein Träger		Ätherisches Öl pur auftragen
Insektenabwehr	Teebaum Zeder	Alkohol	Pumpsprüher	Pferd einsprühen
Stalldesinfektion	Teebaum Lavendel	Alkohol	Pumpsprüher	Boxenwand

Ätherische Öle für die Reise- & Turnierapotheke

Für die Reise- & Turnierapotheke bedarf es einer etwas anderen Zusammenstellung ätherischer Öle als für die Stallapotheke.
Wie der Mensch besitzt jedes Pferd einen unterschiedlichen Charakter und ein anders geartetes Gemüt. „Hoch im Blut“ stehende Pferde sind in ihrem Gebahren von Natur aus selbstverständlich nerviger und unruhiger.
Übertriebene Unruhe und Nervosität kann durch verschiedene äußere Faktoren ausgelöst werden. Diese können z. B. sein: Verladen und Transport, Turnieratmosphäre, Überforderung durch den Reiter im Training, Fehlen des Boxen- oder Koppelnachbarn, um nur einige zu nennen.
Ein starkes Vertrauensverhältnis, ausgewogene Fütterung und eine pferdegerechte Haltung verhelfen dem Pferd zu innerer Ausgeglichenheit und Stabilität, um angemessen und ruhig in jeder Situation zu reagieren.
Das gelingt aber nicht immer. Auch in diesem Fall haben wir mit der Aromatherapie einen starken Helfer.
Bei uns Menschen ist die therapeutische Wirkung der ätherischen Öle bei Ängsten, Unruhe und Panik bestens bekannt und vielseitig und erfolgreich im Einsatz.

Warum diese nicht auch bei unseren Vierbeinern nutzen, um aus Ihnen „coole" Gefährten zu machen?
Um das zu erreichen, müssen wir allerdings die Aromatherapie schon einige Zeit vor dem angesetztem Transport oder Turnier einsetzen. Beziehen Sie auch hier wieder Ihr Pferd in die Auswahl der Öle mit ein.
Lavendel fein wirkt beruhigend, Schafgarbe bei Unruhe und Ängsten und Rosmarin allgemein aufbauend. Probieren und testen Sie, auf welches Öl Ihr Pferd anspricht. Bieten Sie ihm das ausgewählte Öl mehrere Tage lang vor dem geplanten Einsatz an, lassen Sie es schnuppern oder auch ablecken. Nehmen Sie dieses Öl und verwenden Sie es als „Duftanker" für Ihr Pferd. Lösen Sie in einer Sprühflasche einige Tropfen Öl in etwas Alkohol und füllen Sie diese mit Wasser auf. Jetzt können Sie den Pferdehänger oder die Gastbox besprühen. Sie werden bemerken, wie viel vertrauensvoller sich Ihr Pferd an die neue, zunächst befremdliche Situation anpasst.

Sollte Ihr Pferd einmal unterwegs, was sich niemand wünscht, einer Schocksituation ausgesetzt sein, dann ist Neroli das „Notfallöl". Lassen Sie Ihr Pferd daran schnuppern. Es wirkt unmittelbar auf das Nervensystem und sollte bei Schock, Trauma, Unfall und Überforderung sofort angewendet werden. Nachfolgende Tabelle beschreibt in Kurzform die Anwendungsgebiete der Öle, die sich für die Reise- & Turnierapotheke bewährt haben. Es sind „Ersthelferöle" für Wunden, Verletzungen, Kreislaufschwäche, Unruhe etc..

Die 6 wichtigsten Öle für die Reise- & Turnierapotheke

	Anwendungsbeispiele
Lavendel fein	Der Alleskönner! Zur Beruhigung, bei Wunden, Insektenstichen, Verbrennungen; schmerzstillend, juckreizstillend, desinfizierend
Pfefferminze	Der „Cooler“ hilft blitzschnell bei Kreislaufschwäche und kühlt Beine und Gelenke; antibakteriell, schmerzstillend und juckreizstillend
Rosmarin	Als schnelle Hilfe mit Pfefferminze und Lavendel fein in Aloe Vera-Gel gerührt: bei geschwollenen Beinen, Muskelschmerzen, Stauchungen und Gelenkentzündungen; durchblutungsfördernd und aktivierend
Neroli	Sofort einsetzbar bei Schock, Unfällen, Stürzen und extremer Unruhe; schnellwirkend, nervenstärkend und beruhigend
Schafgarbe	Zusammen mit Lavendel die schnellste Hilfe bei Wunden und Verletzungen. Hilft bei Ängsten und Unruhe; sofort schmerzstillend und wundheilend
Teebaum	Das Öl bei Insektenstichen, Ekzemen und Parasiten. Als schnelles Desinfektionsmittel äußerlich überall einsetzbar; schnellst juckreizstillend, stark antibakteriell und desinfizierend

Kompresse	Für kleine Verletzungen
Bandagen	Zum Fixieren und Schützen
Sprühflasche	Mit angesetzter Mischung, z. B. gegen Insekten

Pferde wirkungsvoll massieren

Ein lockeres, zufriedenes Pferd
bleibt gesund und leistungsstark bis ins hohe Alter.

Vielleicht finden Sie es etwas übertrieben, wenn ich im letzten Kapitel auf Massageanleitungen beim Pferd eingehe. Und was hat dies mit der Aromatherapie zu tun?

Für uns Menschen sind Massagen ganz selbstverständlich. Ob durch Sport oder durch sitzende Tätigkeit verursacht, Verspannungen sind uns sehr wohl bekannt und wir gönnen uns ab und zu gerne eine entspannende und muskellösende Massage.

Jeder berufliche oder emotionale Stress setzt sich in der Muskulatur fest und wir spüren schnell, wo die schmerzhaften Verspannung und Blockaden sitzen.

Sie haben sicherlich auch schon Pferde auf der Koppel oder in offenen Ställen beobachtet, wie sie sich gegenseitig innig und intensiv „massieren". Sie kraulen und schlecken sich, zeitweise beißen sie zärtlich in die Nackenmuskulatur. Das machen sie nicht nur zur Kontaktaufnahme, sondern auch um Verspannungen zu lösen. Nicht immer aber haben sie dazu die Möglichkeit. Deshalb genießt das Pferd mit Sicherheit Ihre Massagegriffe. Haben Sie keine Angst, Sie können nichts falsch machen. Schon beim intensiven Putzen regen Sie die Durchblutung an, dabei „zeigt" Ihnen das Pferd schon oft seine kritischen Stellen.

Der berühmte Veterinär Dr. Adams beschrieb bereits 1799 Massagetechniken bei Pferden. Er erkannte, dass Massagen Verspannungen und Unwohlsein des Pferdes lindern können. Viele Faktoren führen beim Pferd zu Muskelverspannungen: Stress, zu hartes Training, unpassender Sattel oder ein fehlerhafter Sitz des Reiters. Ein Loslassen der Muskulatur in Hals und Rücken ist jedoch die Grundvoraussetzung für ein locker durch den Körper schwingendes Pferd. Nur dann macht Reiten und die Arbeit mit dem Pferd richtig Freude, wenn die Bewegungen fließend, rhythmisch und mühelos sind.

Muskelverspannungen beim Pferd

Muskelverspannungen entstehen, wenn nicht genügend Energie in den Muskelzellen vorhanden ist. Der Muskel wird unzureichend mit Sauerstoff (Blut) versorgt, dadurch kommt es zur Ansammlung von Milchsäure und Milchzucker.

Es bilden sich kleine Knötchen (Myogelosen), die, wenn sie nicht ausmassiert werden, zur Verklebung der Muskulatur führen. Hier gibt es Möglichkeiten, mit Massagen und den passenden ätherischen Ölen vorsorglich einzuwirken.

> Bei schwerwiegenden Problemen sollten Sie einen Pferde-Physiotherapeuten oder Pferde-Osteopathen hinzuziehen.

Auch bei bereits vorhandenen Verspannungen können wir sehr viel tun, damit sich das Pferd wieder wohl fühlt.

Schon beim Putzen des Pferdes werden Verspannungspunkte angeregt. Berührt man diese, wendet das Pferd diese Körperstelle oft instinktiv einem zu, als wollte es sagen: „Ja, bitte weiter putzen (massieren), das tut so gut.“

Verspannungen sowie deren Ursachen und Auswirkungen sind äußerst vielschichtig.

Für eine tiefgreifende und professionelle Massage benötigt man ausreichende Kenntnisse zur Anatomie des Pferdes, über einzelne Muskelgruppen, das Skelett, die Meridiane und natürlich zu Indikation und Kontraindikation.

Da hier oft zu wenig Wissen und Erfahrungen vorhanden sind, möchte ich Ihnen einige muskellösende Griffe vorstellen.

Wichtig: Entspannen Sie sich selbst und freuen Sie sich auf eine Stunde mit Ihrem Pferd, die mit Sicherheit zu einer innigeren und tieferen Beziehung führt. Ihre Ruhe überträgt sich auf Ihr Pferd und so kann es viel schneller loslassen.

Nehmen Sie sich für jede Massage genügend Zeit und wählen Sie einen ruhigen Ort.

Als kleines Begrüßungsritual lassen Sie Ihr Pferd unter verschiedenen muskelentspannenden und beruhigenden ätherischen Ölen selbst wählen (siehe Kapitel „Die wichtigsten ätherischen Öle für Pferde im Überblick).
Hat sich Ihr Pferd „entschieden“, mischen Sie das erschnupperte Öl mit Aloe Vera-Gel.
Stellen Sie diese oder eine andere gewählte Mischung für die Massage griffbereit in Ihre Reichweite.

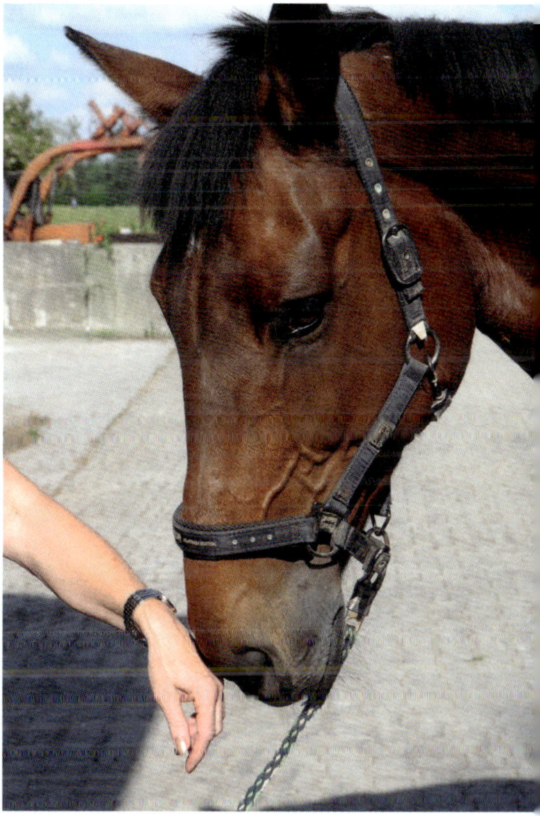

Massagen mit ätherischen Ölen

Ausstreichen

Beginnen Sie zunächst mit sogenannten Ausstreichungen. Setzen Sie mit langen, streichenden Bewegungen beidhändig unter wenig Druck am Pferdehals an. Beobachten Sie die Reaktion Ihres Pferdes. Fühlt es sich wohl dabei?
Die Hals- und Schulterpartien werden zur Innenseite der Vorderbeine ausgestrichen.

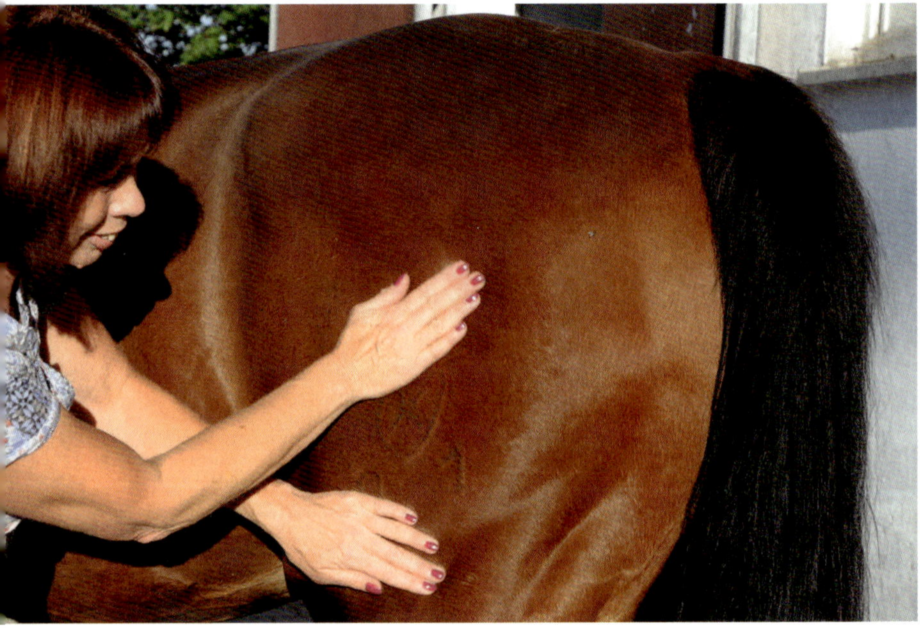

Dann folgt der Rumpf zur Hinterhand in Richtung Innenseite der Oberschenkel.
Das Gleiche erfolgt auf der anderen Seite. Durch die Ausstreichungen kann sich Ihr Pferd an die Massage gewöhnen, das Gewebe wird

erwärmt und Schlackenstoffe können aus der Muskulatur abtransportiert werden.

Klopfen

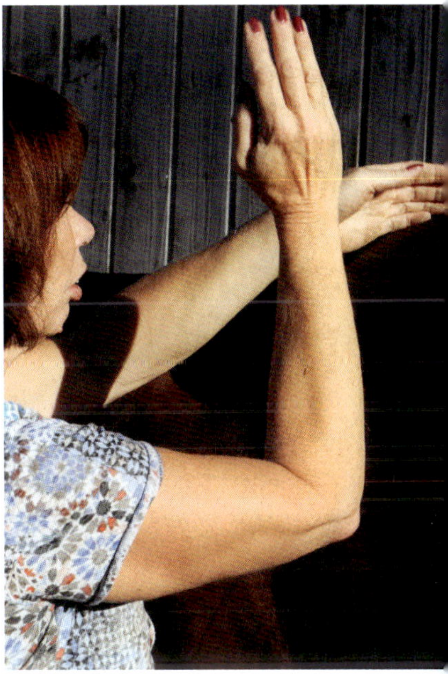

Nach den Ausstreichungen beginnen Sie dann vorsichtig mit leichten Klopfungen. Testen Sie, ob Ihr Pferd diese akzeptiert.
Lassen Sie Ihre Handgelenke dabei immer locker, die Bewegungen kommen aus der Schulter heraus. Auch hier beginnen Sie am Hals und arbeiten sich systematisch weiter bis zur Kruppe des Pferdes.
Die Klopfungen lösen Muskelkontraktionen aus, der Stoffwechsel wird angeregt und die Muskeln erwärmen sich.
An der Kruppe können Sie mit mehr Schwung arbeiten. Zum Schluss streichen Sie wieder aus.

Den Druck der Massage können Sie jetzt etwas erhöhen. Beobachten Sie dabei immer Ihr Pferd, ob es ihm angenehm ist.
Weniger ist mehr, ist auch hier die Devise.

Kneten

Arbeiten Sie nun wieder in einem Fluss rhythmisch von vorne nach hinten. Legen Sie beide Hände auf und führen mit dem Daumen eine kreisförmige Bewegung in Richtung Finger durch.
Hierbei ertasten Sie häufig selbst kleinste Verhärtungen im Muskelgewebe des Pferdes.

Massage-Mischung einarbeiten

Diese Muskelverhärtungen behandeln Sie jetzt mit dem bereitstehenden Massage-Gel oder Massage-Öl. Massieren Sie dieses mit dem Daumen unter angemessenem Druck in die betroffenen Problemzonen ein.
Sollten Sie sich für das Massage-Gel (siehe Seite 88) entschieden haben, dann unterstützen die muskelentkrampfenden wärmenden Öle ROSMARIN und INGWER wunderbar die Wirkung der Massage.

Nicht vergessen!
Immer wieder Ausstreichungen durchführen.
So können die gelösten Schlackenstoffe gut abtransportiert werden.

Drücken

Halten Sie mit Ihrem Daumen 30 - 60 Sekunden den Druck auf der verhärteten Stelle, damit sich die verklebten Fasern lösen können.

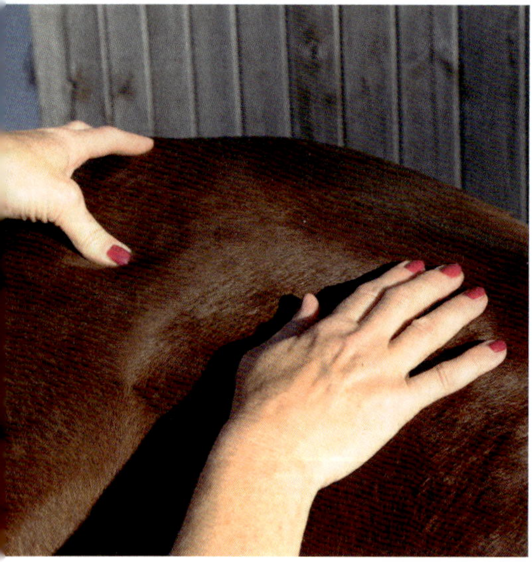

Wenn Ihr Pferd dem Druck ausweicht, reduzieren Sie ihn. Behandeln Sie diese Stelle an den darauffolgenden Tagen noch einmal. Die Muskulatur des Pferdes ist nun sehr gut durchblutet und die betroffenen Problemzonen entspannen sich.

Walkung

Jetzt können Sie Walkungsgriffe einsetzen.
Damit mobilisieren Sie das Gewebe und die Verklebungen lösen sich noch besser. Beginnen

Sie am Mähnenkamm. Legen Sie beide Hände auf und schieben Sie versetzt den Muskel gegeneinander. Sie werden sich wundern, wie locker die Hals- und Rückenmuskulatur dadurch wird. Auch hier bitte den Druck der Befindlichkeit Ihres Pferdes anpassen.
Das Muskelgewebe ist nun erwärmt und Sie können noch einmal die Rezeptur punktuell in die Problemzonen einmassieren.

Kopfmassage

Der Kopf des Pferdes hat sehr viele Nerven- und Reflexpunkte. Aus diesem Grund sollten wir hier sehr vorsichtig arbeiten. Viele Pferde reagieren in diesem Bereich überempfindlich, das müssen wir respektieren.

Die wichtigste Muskelpartie ist die Kiefermuskulatur und die Ganasche mit ihrer Ohrspeicheldrüse. Hier wird nur mit wenig Druck massiert. Ausstreichungen und leichte Knetgriffe wird Ihr Pferd genießen.
Sollte sich Ihr Pferd so gut entspannen, dass es Anlehnung sucht, legen Sie den Kopf einfach auf Ihrer Schulter ab. So erreichen Sie auch hervorragend die Stirn- und Ohrenpartie. Diese Bereiche sowie auch die Kiefermuskulatur können Sie zur Tiefenentspannung mit ein paar Tropfen unverdünntem Lavendelöl massieren.

Zum Schluss führen Sie mit langsamen vertrauensvollen Griffen noch einmal Ausstreichungen durch.
Mein Pferd liebt diesen Griff, es lässt den Hals vollkommen tiefenentspannt fallen und genießt seinen „Wellnesstag".

Rezeptur Massage-Gel für Pferde

- **50 ml Aloe Vera-Gel**
- 12 Tropfen Lorbeer
- 6 Tropfen Rosmarin
- 6 Tropfen Ingwer
- 10 Tropfen Lavendel fein
- 4 Tropfen Zeder

Statt Aloe Vera-Gel können Sie auch Aprikosenkernöl verwenden. Aprikosenkernöl ist ein besonders leichtes Öl und zieht gut in die Fellstruktur des Pferdes ein.

Diese beschriebenen harmonisierenden Massagen tragen dazu bei, dass Sie mit einem lockeren, leistungswilligen und zufriedenen Pferd arbeiten können.

Zu guter Letzt

Manchmal vergisst man sich selbst ...

Kommen Sie auch hin und wieder gestresst von Ihrer Arbeit nach Hause? Der Rücken schmerzt, der Nacken ist verspannt und dann noch in den Stall ...!
Da warten sie schon, unsere Lieblinge und wiehern uns zu. Natürlich geht einem dann das Herz auf und der Stress des Tages fällt ab. Jetzt können wir abschalten, uns sportlich betätigen und freuen uns auf die gemeinsame Arbeit. Aber wem geht es nicht auch manchmal anders? Die Halle ist rappelvoll, draußen stürmt es und unsere Pferde sind superelektrisch. Am liebsten würden sie schon während des Aufsteigens ausgelassen losbuckeln und rasen beim kleinsten Geräusch quer durch die Halle. Das war's dann mit der entspannten Abendstunde nach dem Bürostress. Genervt und verspannt steigen wir ab, sind froh, den Hallenboden nicht „geküsst" zu haben und spüren jeden Muskel.
Mein Tipp: Fahren Sie heim und lassen Sie sich ein Bad mit folgender Mischung ein.

Rezeptur Badeöl

- **2 - 3 Esslöffel Sahne, Honig oder Meersalz**
- 10 Tropfen Lavendel fein
- 5 Tropfen Neroli
- 4 Tropfen Orange

Tauchen Sie ab und lassen Sie die Düfte wirken ...

Diese Wohlfühl- und Relaxmischung – mit ein paar Teelichtern und entspannender Musik garniert – wirkt wahre Wunder.

Massieren Sie dann nach dem Bad folgende Mischung in Ihre noch feuchte Haut ein:

Körperölmischung nach dem Bad

- **30 ml Mandelöl**
- 5 Tropfen Lavendel fein
- 2 Tropfen Neroli
- 2 Tropfen Palmarosa
- 1 Tropfen Orange
- 1 Tropfen Zeder

Körperölmischung bei Muskelverspannungen

- **30 ml Johanniskrautöl**
- 5 Tropfen Rosmarin
- 5 Tropfen Wacholder
- 2 Tropfen Ingwer
- 2 Tropfen Lavendel fein

Massieren Sie diese Mischung in die verspannten Muskelpartien ein. Sie werden spüren, wie der Muskelschmerz nachlässt und die Durchblutung angeregt wird.

Alles ist vergessen und der neue Tag kann kommen ...

Über dieses Buch

Die Aromatherapie ist als Teilbereich der Phytotherapie ein wesentlicher Beitrag zur modernen Naturheilkunde. Die Wirkkraft naturreiner ätherischer Öle ist schon immer auch in der Tierheilkunde bekannt. Schnell lassen sich mit diesen hochwertigen, konzentrierten Pflanzenessenzen Rezepturen anmischen und viele Symptome wirksam behandeln.

Über die Autorin

Sylvia Pusch empfindet seit ihrer Kindheit eine tiefe Verbundenheit zu Pferden. Als ausgebildete Aromatherapeutin und Pferde-Physiotherapeutin ist es ihr eine Herzensangelegenheit, Pferde aromatherapeutisch und energetisch zu begleiten.
Die Autorin bietet Seminare und Webinare zum Thema natürliche Pferdegesundheit an. Mehr dazu:

www.natürliche-pferdegesundheit.de

Dank der Autorin

Danken möchte ich der Firma Primavera Life, durch die ich vor vielen Jahren mit der Aromatherapie und der damit verbundenen Naturheilkunde in Berührung kam. Schnell konnte ich die wunderbaren, wirksamen und naturreinen Produkte in meiner Arbeit mit den Pferden erfolgreich einsetzten.
Danke an alle Pferdebesitzer, deren Pferde ich behandeln und auch fotografieren durfte.
Und natürlich … ein ganz besonderer Dank gilt meinem Pferd Lancelot, das mit einer unglaublichen Geduld und schauspielerischem Talent alle Fotoshootings über sich ergehen ließ.

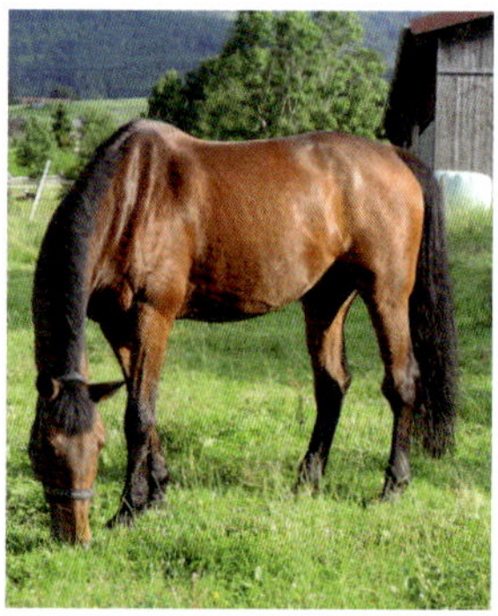

Bildnachweis

Titelbild: Tierfotoagentur.de/J.Möhle

Inhalt: Mit freundlicher Genehmigung:
© Primavera Life GmbH: S. 18 o., 19 u., 20 u., 22 u., 24 u., 25 u., 26 o., 30 o., 30 u., 34
© Loesdau S. 40
© Navchetana Kendra S. 24 o.
© Australian Seeds S. 29 o.
Creative Commons.: © H. Zell S. 21 u., S. 22 o.
Commons wikimedia: © J.M. Garg S. 28 o.
© Sylvia Pusch: S. 4, 10, 91, 92
© Joy Verlag: S. 16 (Illustr. L. Kettenring), 32, 39, 46, 47, 48, 54, 57, 59, 61, 63, 72, 76, 78, 83, 84, 85, 86, 87

Bildagenturen:
Zoonar: © Lothar Hinz S. 18 u.; Fotolia: © Sebastian Duda S. 7; © veneratio S. 9; © julia siomuha S. 14; © lenkadan S. 15; © Vinicius Tupinamba S. 19 o.; © emer S. 20 o.; © LianeM S. 23 u.; © bildschoenes S. 23 u.; © Stephen Orsillo S. 25 o.; © tmass S. 26 o.; © Morgenstjerne S. 26 u.; © Subbotina AnnaS. 27 o.; © KD 65 S. 27. u.; © emer S. 28 u.; © emer S. 29 u.; © Picture Partners S. 33; © Nadine Haase S. 35; © quentinjlang S. 37; © Africa Studio S.40; © virgonira S. 41; © bluejeanstock S. 42; © Sven Cramer S. 43; © chelle129 S. 50; © Roland Gruenewald S. 51; © pfotodesign S. 53; © fotohansel S. 56; © annebe S. 58; © Viktoria Makarova S. 64, © Andrea Arnold S. 66; © callipso88 S. 70; © grafikplusfoto S. 75; © Rita Kochmarjova S. 77; © Nadine Haase S. 80; © Floydine S. 89

Impressum

Die in diesem Buch enthaltenen Empfehlungen und Angaben sind von der Autorin mit größter Sorgfalt zusammengestellt und geprüft worden. Eine Garantie für die Richtigkeit der Angaben kann aber nicht gegeben werden. Autorin und Verlag übernehmen keine Haftung für Schäden und Unfälle. Bitte setzen Sie bei der Anwendung der in diesem Buch enthaltenen Empfehlungen Ihr persönliches Urteilsvermögen ein. Der Verlag Eugen Ulmer ist nicht verantwortlich für die Inhalte der im Buch genannten Websites.

Anmerkung zur Schreibweise (Gendering): Gendergerechtigkeit und Inklusion sind bei uns gelebte Praxis – bei der Auswahl unserer Themen, bei der Recherchearbeit, in der Gestaltung. Unsere Texte meinen alle. Damit unsere Inhalte jedoch gut lesbar bleiben, verzichten wir in diesem Werk auf die jeweilige Mehrfachnennung oder Anpassung der Schreibweise bestimmter Bezeichnungen an die weibliche, männliche oder diverse Form.

MIX
Papier | Fördert gute Waldnutzung
FSC® C008457
FSC www.fsc.org

Bibliografische Informationen der Deutschen Bibliothek: Die Deutsche Nationalbibliothek verzeichnet diese Publikation in der Deutschen Nationalbibliografie; detaillierte bibliografische Daten sind im Internet über http://dnb.d-nb.de abrufbar.
Das Werk einschließlich aller seiner Teile ist urheberrechtlich geschützt. Jede Verwertung außerhalb der engen Grenzen des Urheberrechtsgesetzes ist ohne Zustimmung des Verlages unzulässig und strafbar. Das gilt insbesondere für Vervielfältigungen, Übersetzungen, Mikroverfilmungen und die Einspeicherung und Verarbeitung in elektronischen Systemen. Der Verlag behält sich das Text- und Data-Mining nach §44b UrhG vor, was hiermit Dritten ohne Zustimmung des Verlages untersagt ist.

© 2025 Eugen Ulmer KG
Wollgrasweg 41, 70599 Stuttart (Hohenheim)
E-Mail: info@ulmer.de
Internet: www.ulmer.de
Projektleitung: Kathrin Gutmann
Druck und Bindung: AZ Druck und Datentechnik GmbH, Kempten
Printed in Germany

ISBN 978-3-8186-2570-2

Literaturhinweis

Forum Essenzia e.V.:
Aromatherapie bei Mensch und Tier
Heft Nr. 38, Forum Essenzia 2011

Kettenring, Maria M.:
Hausapotheke Ätherische Öle,
Verlag Eugen Ulmer, 2024

Kleven, Helle Katrine:
Biomechanik und Physiotherapie
für Pferde, FN Verlag, 2009

Klimke, Ingrid; Klimke, Dr. Reiner:
Grundausbildung des jungen Reitpferdes,
Kosmos Verlag, 2019

Wollner, Ingrid; Wollner, Fred:
Der neue Duftführer,
Eigenverlag 2012

Zeh, Katharina:
Handbuch Ätherische Öle,
Verlag Eugen Ulmer, 2024

Bezugsquellen

Ätherische Öle, Basisöle, Pflanzenwässer, Trägerstoffe sowie Zubehör zur Herstellung der Rezepturen aus diesem Buch erhalten Sie in Apotheken, Naturkostläden, Reformhäusern, Drogeriemärkten und in vielen Online-Shops.

Artikel für die Ausrüstung von Pferd und Reiter finden Sie in Pferde-Fachgeschäften und Online-Versandhäusern wie z. B.:
www.loesdau.de
www.kraemer.de

Der Futtersack auf Seite 40 ist erhältlich bei: www.loesdau.de

PRIMAVERA®
Ätherische Öle
Pflanzenkräfte für Körper, Geist & Seele
Lavendel fein bio*
PRIMAVERA
Höchste Bio-Qualität und beste Wirkkraft aus der Natur
• 100 % naturrein
• Rohstoffe aus kontrolliert biologischem Anbau, Demeter & Wildsammlung
• Garantiert tierversuchsfrei
VEGAN
Die Liebeserklärung an Mensch & Natur
www.primaveralife.com

PRIMAVERA®

CAVADEA

PFLEGEPRODUKTE FÜR PFERDE
MIT DER KRAFT ÄTHERISCHER ÖLE

BIO

cavadea.primaveralife.co